DINAMISMO
Leandro Bertoldo

DINAMISMO

Leandro Bertoldo

Dedicatória

Dedico este livro ao meu irmão
Francisco Leandro Bertoldo.

"Quando os homens avançarem em suas pesquisas científicas até aonde lhes permitam as limitadas faculdades, existe ainda para além uma infinidade que lhes escapa à apreensão". (Conselhos Professores, Pais e Estudantes 66).

Ellen Gould White
Escritora, conferencista, conselheira,
e educadora norte americana.
(1827-1915)

Sumário

Interação Gravitacional

Dados biográficos

Leandro Bertoldo é o primeiro filho do casal José Bertoldo Sobrinho e Anita Leandro Bezerra. Tem um irmão chamado Francisco Leandro Bertoldo.

Leandro fez as faculdades de Física e de Direito na Universidade de Mogi das Cruzes – UMC. Seu interesse sempre crescente pela área das exatas vem desde os seus 17 anos, quando começou a escrever algumas teses sérias a respeito do assunto. Em 1995, publicou o seu primeiro livro de Física, que foi um grande sucesso entre os professores universitários. O seu comprometimento com o Direito é resultado de suas atividades junto ao Tribunal de Justiça do Estado de São Paulo.

Leandro casou-se duas vezes e teve uma linda filha do primeiro matrimônio chamada Beatriz Maciel Bertoldo. Sua segunda esposa Daisy Menezes Bertoldo tem sido sua grande companheira e amiga inseparável de todas as horas. Muitas de suas alegrias são proporcionadas pelos seus cachorros: Fofa, Pitucha, Calma e Mimo.

Durante sua carreira como cientista contabilizou centenas de artigos e dezenas de livros defendendo teses originais em Física e Matemática. Entre eles destacam-se: "Teoria Matemática e Mecânica do Dinamismo" (2002); "Teses da Física Clássica e Moderna" (2003); "Cálculo Seguimental" (2005); "Artigos Matemáticos" (2006) e "Geometria Leandroniana" (2007), os quais estão sendo discutidos por vários grupos de pesquisas avançadas nas grandes universidades do país.

leandrobertoldo@ig.com.br

Prefácio

A palavra "dinamismo" é derivada da palavra grega *dynamis*, que significa força. A presente teoria baseia-se no princípio de que o movimento é o resultado da operação simultânea da potência e do ato. O Dinamismo defende a tese de que a velocidade é o efeito da interação de uma força induzida conservada no móvel durante todo processo de movimento. Por conseguinte, o Dinamismo é parte das ciências físico-matemática que estuda os movimentos em relação às forças que os produzem.

O conceito de que movimento é o resultado da potência e do ato operando no mesmo instante existe há milhares de anos, mas Leandro Bertoldo, desenvolvendo trabalhos precisos nas áreas da física e da matemática, descobriu os princípios matemáticos do Dinamismo no último quartel do século XX.

Com o Dinamismo, Leandro criou um sistema físico altamente lógico e consistente na explicação de todos os fenômenos da Mecânica Clássica. Ele demonstrou o princípio da inércia e desdobrou esse princípio em dois, mais claros e precisos matematicamente. A teoria foi desenvolvida com base numa hipótese fundamental, a partir da qual todos os demais fenômenos mecânicos se entrelaçam e são demonstrados matematicamente.

A hipótese básica que deu origem ao fundamento do Dinamismo é enunciada nos seguintes termos:

"A velocidade de um corpo é diretamente proporcional à força induzida conservada no móvel".

Enquanto a velocidade é uma grandeza física que avalia a intensidade do movimento do móvel, a força induzida é também uma grandeza física comunicada ao móvel através de um processo de indução provocada pela ação da força externa aplicada sobre o corpo.

A Teoria do Dinamismo foi assentada por Leandro em quatro leis básicas, as quais são enunciadas nos seguintes termos:

1ª - Lei: *A intensidade de força externa aplicada sobre um corpo é igual ao produto existente entre a massa do mesmo por sua aceleração.*

2ª - Lei: *O impulso é a resultante da força externa após essa vencer a oposição oferecida pela inércia da matéria à alteração do seu estado de repouso. Ela é igual ao produto entre a constante universal chamada de estímulo pela aceleração que o móvel apresenta.*

3ª - Lei: *A variação da força induzida num móvel é igual ao produto entre a intensidade do impulso pela variação de tempo decorrido de interação da força externa.*

As explicações para essas leis serão demonstradas de forma mais ampla no decorrer da presente obra, a qual se propõe a apresentar de maneira progressiva, objetiva e clara o desenvolvimento das principais ideias em Dinamismo, bem como apresentar as relações existentes entre os conceitos do Dinamismo com os da Mecânica Clássica.

Esta obra tem um fundo histórico importante porque representa uma das primeiras exposições sistemáticas produzida pelo autor sobre a Teoria do Dinamismo, a qual até então se encontrava incompleta em alguns de seus conceitos fundamentais. O livro está sendo publicado em sua forma original, de forma que muitos conceitos aqui apresentados são rudimentares, os quais mais tarde foram refinados e demonstrados numa forma mais elegante pelo autor.

O livro está dividido em sete capítulos que procuram abranger em rápidos tópicos todos os principais conceitos da Teoria do Dinamismo desenvolvida por Leandro no século XX e da Mecânica Clássica desenvolvida por Galileu Galilei e Isaac Newton no século XVII. Após apresentar as definições de conceitos básicos, passa pela queda livre dos corpos e pelas forças gravitacionais e termina com um breve capítulo sobre a resistência do atrito ao movimento. É claro, tudo visto sob a perspectiva da Teoria do Dinamismo.

O livro também possui uma segunda parte designada pelo nome de "Apontamentos de Dinamismo", onde o autor apresenta em prosa as definições, características e conseqüências da força externa, do impulso, da força induzida e da interação gravitacional, bem como a relação de todas essas forças atuando em conjunto.

Em resumo, por meio desta obra o pesquisador, ou mesmo aquele que esteja iniciando suas atividades na área da ciência, contará com um importante aliado para uma compreensão mais profunda de algumas das principais ideias que estão sendo apresentadas na física.

Mogi das Cruzes, 18 de Julho de 1986.
Leandro Bertoldo

1. Introdução ao Dinamismo

1.1 *Introdução*

O Dinamismo é uma parte da Mecânica Clássica que reconhece no movimento a ação de várias forças, a saber: *força induzida*, *força dinâmica* e *força externa*. Essa teoria bem por objetivo fundamental estudar diretamente as relações existentes entre as forças e os movimentos. Procura estabelecer leis que permitem explicar qualitativamente e quantitativamente a exata intensidade de força exigida para produzir uma determinada velocidade e causar um determinado movimento.

1.2 *Leis do Dinamismo*

A Teoria do Dinamismo está baseada em algumas leis fundamentais que permitem deduzir algumas conseqüências de suma importância na explicação do movimento. Eis algumas dessas explicações:

a) Em um referencial inercial, todo corpo permanece em seu estado de repouso devido à ausência de forças induzidas no mesmo.

b) Em relação a um referencial inercial, qualquer corpo permanece em seu estado de movimento retilíneo uniforme, devido à ação de uma força induzida de vetor constante. Portanto, não existem forças externas, mas apenas uma intensidade de força induzida que mantém o movimento do corpo.

c) Para modificar o estado de repouso ou de movimento de um corpo, faz-se necessário induzir vetorialmente a ação de uma força.

Generalizando as referidas leis, pode-se enunciar que: *Em relação a um referencial inercial, todo corpo permanece no seu estado de repouso ou de movimento uniforme em linha reta devido, respectivamente, à ausência ou existência de forças induzidas. E para alterar tal estado é necessário induzir vetorialmente uma força.*

d) Uma força constante aplicada externamente de modo contínuo num móvel resulta numa força dinâmica, que determina a indução de forças que tendem a se acumular numa força uniformemente variada.

É importante observar que a lei (b) é uma conseqüência da primeira lei de Newton. Ela afirma que é absolutamente necessária a ação de uma força externa para tirar um corpo de seu estado de movimento retilíneo.

Entretanto, somente uma força pode alterar outra força. Essa conclusão é resultado da Terceira Lei de Newton. Isto significa que um móvel em movimento uniforme apresenta uma força induzida, haja vista que o mesmo não se encontra sob a ação de forças externas.

Observe que, quanto maior for a intensidade de força induzida, pela lei (d), tanto mais violento será um eventual impacto produzido pelo choque do móvel contra um obstáculo qualquer em repouso.

1.3 *Classificações das Forças*

As classes de forças, atualmente, estão divididas em duas grandes categorias, que são as seguintes:

a) Forças de Contato.

b) Forças de Campo.

A partir do presente tratado, será introduzida a terceira grande categoria de força, a saber:
c) Forças intrínsecas.

Enquanto que as forças de campo são interações de forças à distância e as de contato são forças estáticas em repouso sobre o corpo; as forças intrínsecas são forças induzidas num móvel, conservando-se armazenada nesse corpo enquanto o mesmo permanecer em movimento, mesmo depois que desaparecer a causa da origem das forças induzidas.

1.4 *Formas de Forças*

Na natureza as forças apresentam-se sob a forma *impulsiva* ou *estática.*

Tal princípio de forma generalizada caracteriza a distinção entre a ação das forças.

1.5 *Forças Estáticas*

As forças estáticas atuam na matéria, e estão em repouso juntamente com o corpo. Entre outras, são responsáveis pelo peso, pressão etc.

Na Estática aplica-se plenamente a segunda lei de Newton. A intensidade de força newtoniana é facilmente determinada em um dinamômetro, quando este sistema entra em repouso.

Já, a classe de forças intrínseca pertence ao ramo das forças impulsivas.

1.6 *Forças Impulsivas*

Todo corpo em movimento retilíneo uniforme ou em movimento uniformemente variado apresenta uma força que lhe é inerente. Esta força toma a seguir a denominação de força induzida.

Portanto, todo corpo em movimento apresenta a ação de uma força induzida que permanece armazenada no corpo enquanto seu movimento continuar.

Somente uma força induzida variável faz com que o módulo da velocidade de um corpo varie. Toda vez que a velocidade de um móvel for constante é porque a força induzida também se apresenta de forma constante. Se a velocidade do móvel está variando é porque a força induzida está variando.

Assim, um corpo somente entra em movimento devido à ação de uma força induzida. Ela é comunicada ao corpo mediante a ação do impulso. Esta tem a sua origem como uma resultante da interação e equilíbrio entre a inércia e a ação da força externa.

1.7 *Descrição da Força Induzida*

Sob a ação gravitacional, todos os corpos, de qualquer peso ou massa, ao serem soltos de uma mesma altura, adquirem as mesmas velocidades que aumentam gradativamente com o decorrer do tempo. Ora, se para os corpos dos mais diferentes pesos as massas as velocidades são as mesmas, então, a força induzida que comanda tal variação de velocidade é a mesma, vetorialmente, para todos os corpos, independentemente de seu peso ou massa.

1.8 *Lançamento Uniformemente Variado*

Quando um corpo entra num movimento de queda livre, sua velocidade aumenta gradativamente no decorrer do tempo. Sendo que tal tipo de movimento é denominado por "Movimento Uniformemente Variado". É evidente que, se a velocidade aumenta gradativamente é por causa da força induzida que também aumenta gradativamente. Logo, tem-se o que poderia ser chamado por "Lançamento Uniformemente Variado". Esta descrição de força induzida é responsável pela variação da velocidade com o decorrer do tempo.

Tanto a descrição do *lançamento* uniformemente variado como a do *movimento* uniformemente variado, são caracterizados em dois pontos diferentes, a saber:

a) Toda vez que qualquer força se opor ao vetor da força induzida, tem-se o chamado "Lançamento Uniformemente Variado Destimulado".

b) E sempre que se obtiver uma força a favor do vetor da força induzida, tem-se o denominado "Lançamento Uniformemente Variado Estimulado".

1.9 *Lançamento Uniforme*

No lançamento uniforme, a força induzida em um móvel, não varia com o decorrer do tempo. Ou seja, a força induzida permanece armazenada numa força vetorial constante. Nestas condições, tem-se o denominado "Lançamento Vetorialmente Uniforme".

1.10 *Características do Lançamento*

No lançamento uniformemente variado, um corpo arremessado contra o vetor da força do campo gravitacional, partirá do seu estado com uma força induzida inicial. Esta é responsável pela velocidade inicial do móvel.

Nesta circunstância tem-se o chamado lançamento uniformemente variado destimulado. Logo, a força induzida vai sendo extraída gradativamente no decorrer do temo e, portanto, a velocidade do móvel diminui gradativamente na mesma proporção da força induzida.

Quando o corpo atinge uma altura máxima a força induzida é nula o que provoca uma velocidade nula.

Nessa situação o corpo muda de sentido e começa a movimentar-se a favor do vetor da força gravitacional, então se tem o chamado lançamento uniformemente variado estimulado. Portanto, o móvel ganha uma força induzida que aumenta gradativamente com a velocidade.

Quando atinge o ponto de onde tinha sido arremessado, apresenta o mesmo valor da força induzida que tinha quando partiu. Sendo que tal fenômeno manifesta-se igualmente com corpos dos mais diferentes pesos ou massas, desde que induzido com as mesmas forças.

A partir da referida descrição pode-se estabelecer uma característica do lançamento, a saber: No destimulado, a força induzida de um móvel localizado em um dado ponto do espaço é igual à força induzida do estimulo ao ser verificado no mesmo ponto do espaço.

A partir de tal enunciado pode-se afirmar que a força induzida de arremesso a partir de um ponto, é igual à força induzida de retorno a este mesmo ponto, independentemente do peso ou massa do corpo.

Como a velocidade é uma conseqüência da força induzida, pode-se afirmar que a partir de um ponto, a velocidade inicial de um corpo arremessado será igual à velocidade que apresentará ao retornar ao mesmo ponto de onde tinha partido.

Quando se deixa os corpos dos mais diferentes pesos ou massas entrarem em queda livre, a partir de um ponto comum, todos atingem o solo com o mesmo valor de força induzida e, portanto, as velocidades de todos serão idênticas. Ao serem arremessados destimuladamente com a mesma força induzida que apresentavam ao atingir o solo, eles alcançarão o mesmo ponto de onde haviam partido ao entrarem em queda livre.

1.11 *Força Induzida e Velocidade*

Fundamentalmente o Dinamismo encontra-se baseado no seguinte princípio: todos os corpos, independentemente de seu peso ou massa, ao serem arremessados com uma mesma força induzida, adquirem uma mesma velocidade.

Tal princípio já foi verificado em estudos anteriores e será considerado pelos estudos que serão apresentados no decorrer do presente tratado.

1.12 *Fontes de Lançamento*

Para que um corpo entre em movimento é necessário que uma força externa atue sobre esse corpo. Estas forças provêm das chamadas fontes de lançamento.

As fontes são indutoras de forças. Ou seja, de forças induzidas, e qualquer corpo só recebe forças induzidas por meio de fontes externas.

Quando uma fonte imprime a um corpo uma força externa, parte dela é utilizada para vencer a inércia. Caso o corpo esteja sob a ação de um campo gravitacional, então parte da força externa também é utilizada para vencer o peso. A resultante é chamada por força dinâmica, a qual comunica ao corpo numa força induzida, que é armazenado no móvel.

De forma geral, qualquer corpo somente encontra-se em movimento quando apresentar uma força induzida. E esta é sempre comunicada ao móvel por meio de uma fonte externa que o impele.

Durante o intervalo de tempo que a fonte induz uma força num ponto material, este entra imediatamente em movimento. Tal fonte além de transmitir uma força ao móvel, tem que vencer a ação de forças externas que se opõem ao movimento, tais como o peso de um corpo arremessado contra o sentido do campo gravitacional.

Sabe-se que na natureza existem dois tipos principais de fontes de lançamento, que são as seguintes:

a) Fonte de Lançamento por Campo.

b) Fonte de Lançamento por Instrumento.

As fontes de lançamento por campos podem ser de origem gravitacional, elétrica, magnética ou outra equivalente.

Já as fontes de lançamento por instrumento, são caracterizadas por aparelhos mecânicos que tem por objetivo arremessar corpos no espaço. Existem vários exemplos e o mais comum é o estilingue que é capaz de arremessar numa extensão de espaço corpos de pequeno porte. A besta, certa arma antiga de tiro é um exemplo de instrumento de lançamento. Outro exemplo notável é representado pelas catapultas.

Qualquer que seja o tipo de fonte, a força induzida em um corpo é a mesma em sua natureza.

2. Força Induzida e Força Dinâmica

2.1 *Introdução*

No presente capítulo será estudada em detalhes a evolução da força induzida no decorrer do tempo, bem como sua relação com o impulso. Serão apresentados os principais gráficos que descrevem o lançamento uniformemente variado.

2.2 *Característica da Força Induzida*

As fontes de lançamento por campo apresentam a característica de transmitir ao móvel uma aceleração. E, sob a ação de uma força dinâmica constante, a fonte induz gradativamente ao móvel uma força que aumenta progressivamente à medida que vai sendo armazenada e, em conseqüência, aumenta progressivamente a velocidade.

Dessa forma, sempre que um móvel apresentar uma aceleração é porque existe a ação de uma força externa que transmite ao corpo uma ação denominada por força induzida que fica armazenada no móvel. Nestas condições tem-se o chamado lançamento uniformemente variado.

Quando a aceleração for nula é porque o corpo deixou de receber ação de forças externas. Então, o móvel persevera no seu estado de movimento, pois apresenta uma força armazenada; sua velocidade é constante, pois a força induzida acumulada e armazenada permanece vetorialmente constante desde o momento em que o móvel deixou de receber a ação de forças externas. Em tais condições o movimento é uniforme e se tem o lançamento uniforme.

Mesmo depois de entrarem em movimento, os corpos com as mais diferentes massas ou pesos podem continuar submetidos à ação de forças transmitidas pela ação da fonte. E, naturalmente, para que os corpos possam receber a força de uma fonte é necessário que eles estejam em contato e submetidos ao meio em que atuam as fontes de lançamento.

O movimento dos corpos somente pode ser concebido por impulso; portanto, todos os corpos que se apresentam em movimento foram impulsionados ou estão sendo impulsionados.

As forças induzidas na matéria se manifestam sob várias formas, a saber:

a) É responsável pela velocidade dos corpos.

b) Manifesta-se no choque da matéria contra a matéria.

c) Mantém o movimento ao infinito enquanto permanecer armazenada.

Para finalizar, torno a repetir que a força é induzida na matéria pela ação do chamado impulso que tem sua origem na ação da força externa. E a força induzida é armazenada no móvel, pois ao deixar de receber a ação da força externa, persevera no estado de movimento uniforme, até que seja retardado pelo vetor de outra força que venha a se opor à força induzida, como por exemplo, a resistência do meio.

2.3 *Descrição da Força Induzida*

No lançamento uniformemente variado estimulado, corpos com os mais diferentes pesos ou massas, partindo de um mesmo ponto ao entrarem em queda livre, adquirem os mesmos valores de força induzida, que aumenta gradativamente com o decorrer do tempo. Tal fenômeno prossegue enquanto existir atuando sobre o corpo a ação de uma força externa.

No presente estudo será considerado somente o movimento livre, isto é, corpos que se deslocam no vácuo, sem que nenhuma resistência lhes seja oferecida.

Já foi dito que a força induzida de um corpo em queda livre apresenta um movimento descrito como lançamento uniformemente variado estimulado.

Quando um corpo é lançado verticalmente para cima, ele é atirado com certa força induzida inicial que vai diminuindo até anular-se, quando atinge o ponto mais alto. Logo depois, o corpo retorna pela mesma trajetória e a sua força induzida começa a aumentar até chegar ao solo ou a outro obstáculo que se oponha ao seu movimento.

2.4 *Gráfico da Força Induzida*

O gráfico que se segue representa o diagrama da força induzida em um móvel. Como se pode observar, se trata de uma força induzida variável. Seu valor, quando o tempo anterior é nulo é denominado por "força induzida inicial".

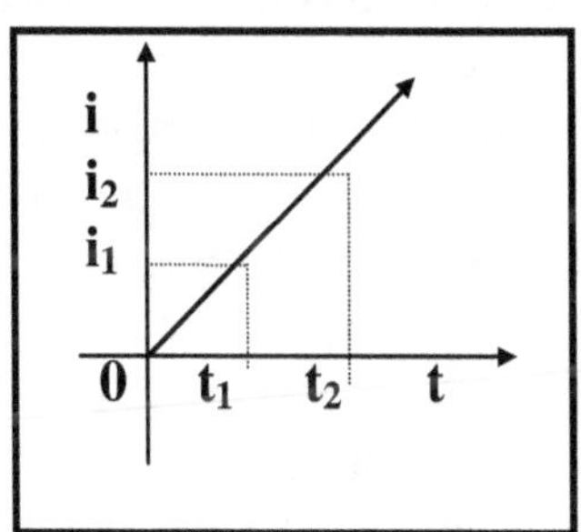

Os movimentos com forças induzidas variáveis no decorrer do tempo são bastante comuns na natureza. Pois num dado instante a força induzida apresenta um determinado módulo e num instante posterior outro módulo.

Sempre que a força induzida de um móvel variar com o passar do tempo, pode-se afirmar que tal móvel está sob a ação de uma força dinâmica. A princípio esta força é uma grandeza física associada ao lançamento de um corpo e mede a variação da força induzida desse corpo no decorrer do tempo.

Pode-se afirmar que o lançamento uniformemente variado é um lançamento particular de força induzida variável e de força dinâmica constante com a passagem do tempo.

2.5 *Média do impulso*

O impulso é constante quando o móvel recebe forças induzidas iguais em intervalos de tempos iguais. Ou seja, o impulso em qualquer intervalo de tempo possui valores numericamente iguais.

Quando isto acontece, pode-se dizer que o impulso é constante no decorrer do tempo. Portanto, o impulso é constante quando a força induzida aumentar ou diminuir em quantidades iguais em intervalos de tempos iguais.

No lançamento uniformemente variado, sempre que se realizar a razão entre a variação de força induzida pela variação de tempo, encontrar-se-á o valor de uma constante que nada mais é do que o impulso atuando sobre o móvel. Ela é representada universalmente pela letra (f).

Nesse lançamento, o móvel apresenta uma força dinâmica contínua de sentido e intensidade constante com o tempo. Neste caso a intensidade média de força dinâmica em qualquer intervalo de tempo é a mesma e, portanto, igual à intensidade de força dinâmica em qualquer instante. Simbolicamente, pode-se escrever que:

$$\mathbf{f_m = f}$$

2.6 *Definição de Força Dinâmica*

A equação que estabelece a relação entre a força induzida e impulso, é enunciada nos seguintes termos: O impulso médio que interage num móvel é igual ao quociente da variação do impulso, inversa pela variação de tempo decorrido. Tal enunciado é expresso simbolicamente pela seguinte relação:

$$\mathbf{f_m = \Delta i/\Delta t}$$

No movimento uniformemente variado a trajetória é uma reta e o impulso é constante e diferente de zero.

O impulso será constante quando (i) aumenta ou diminui de quantidades iguais em intervalos de tempos iguais.

A grandeza ($\Delta i = i - i_0$), representa a variação de força induzida durante a variação correspondente de tempo ($\Delta t = t - t_0$).

Onde (i_0) e (i) são as força induzidas nos instantes (t_0) e (t), respectivamente.

A força induzida em sua totalidade é a soma do impulso em cada um dos intervalos de tempo, e, por conseguinte, em um duplo intervalo de tempo, com igual força dinâmica, a força induzida é dupla, e com o dobro do impulso é quádruplo. O mesmo se diga dos corpos em queda livre ou em lançamento vertical. Igual razão vale para todos os corpos independentemente de seu peso ou massa, pois todos se deslocam no espaço sofrendo as mesmas variações de velocidades.

2.7 *Gráfico do impulso*

A figura que se segue descreve o gráfico do impulso em função de tempo.

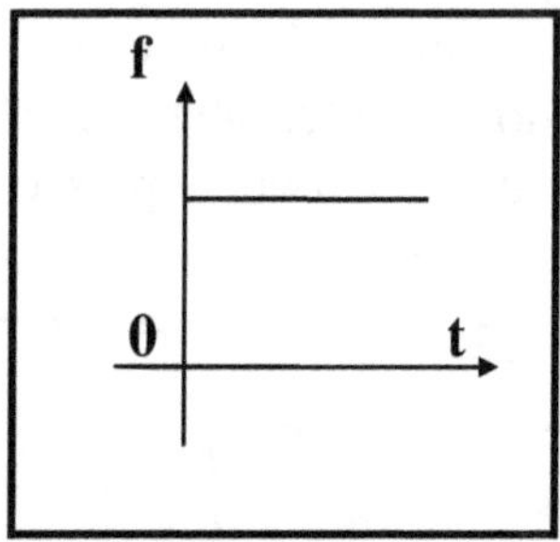

Este gráfico mostra um impulso constante com o tempo. Ao entrar em queda livre os móveis começam a deslocar-se quase que instantaneamente, embora tenham diferentes massas ou pesos, estando distante ou próximo ao centro do campo gravitacional.

Isto é possível pelo fato de que, a partir do momento em que o corpo é imerso num campo gravitacional, ele passa a estar continuamente sob a ação de um impulso de origem gravitacional que comunica uma força induzida nos corpos que entram em queda livre.

O impulso pode ser positivo, negativo ou nulo, segundo o seja a variação da força induzida.

O impulso nada mais é do que a força induzida que um móvel recebe num determinado intervalo de tempo.

Sempre que um móvel apresentar uma aceleração é porque possui um impulso, enquanto esta mede a variação de força induzida que o móvel recebe num dado intervalo de tempo, a aceleração mede a variação de velocidade desse móvel no mesmo dado intervalo de tempo.

2.8 *Força Dinâmica*

Um corpo ao entrar em queda livre passa a ser atraído para o centro do campo gravitacional ao qual está sujeito. Como se encontra livre de resistência que se oponha ao deslocamento do móvel, conclui-se que não existe nenhuma força que tende a extrair a força induzida no corpo pela ação do impulso gravitacional.

Ao entrar em queda livre, durante um determinado intervalo de tempo, esse corpo recebe uma força induzida que o movimenta para o centro do campo gravitacional e, portanto, vai adquirir uma velocidade que varia em função dessa força induzida.

De forma contínua esse móvel recebe a força induzida do campo gravitacional que atua com um impulso constante. Como a força induzida não é extraída do móvel pela ação de forças de resistência ela só tende a se acumular no corpo em quantidade cada vez maior provocando uma variação de velocidade maior ou choques mecânicos mais violentos, num eventual impacto.

Assim, sempre que o móvel apresentar uma aceleração é porque está submetido à ação de um impulso que comunica ao móvel uma força induzida, a qual tende a aumentar gradativamente no decorrer do tempo.

O impulso é o valor numérico de uma força induzida que desloca o corpo num determinado intervalo de tempo. Em queda livre o valor da força induzida é numericamente igual para os corpos dos mais diferentes pesos ou massas.

Devido à forma da Terra, o valor do impulso gravitacional próxima à superfície do planeta, sofre uma pequena variação com a altitude e com a latitude do lugar. É o que se pode chamar por "força dinâmica normal gravitacional". Seu valor é (f_0), tomado ao nível do mar, a uma latitude de 45 graus.

2.9 *Força Dinâmica Instantânea*

O impulso instantâneo de um corpo é o impulso verificado num determinado instante. Na realidade é a mesma que força dinâmica média em um intervalo de tempo muito pequeno.

A expressão matemática do impulso instantâneo é enunciada da seguinte forma: O impulso instantâneo é o limite da razão entre a variação da força induzida, inversa pela variação de tempo correspondente, quando este último tender para zero.

Ou seja, considere um ponto material deslocando-se numa trajetória qualquer. Sejam (i) e (i + Δi) sua força induzida instantânea no instante (t) e (t + Δt), respectivamente.

Assim, define-se o impulso escalar instantâneo, num ponto, ao limite do impulso escalar médio para (Δt). Simbolicamente, pode-se escrever que:

$$\mathbf{f_i = lim_{\Delta t \to 0}\ \Delta i/\Delta t}$$

Observe que (Δt) é (t_2 - t_1), o fato de (Δt) tender para zero indica que o instante (t_2) aproxima-se do instante (t_1). É claro que tender a zero não significa igualar o tempo a zero.

Para determinar o impulso instantâneo na força induzida (i_1) pode-se escolher a força induzida (i_2) cada vez mais próximo da força induzida (i_1) e calcular a relação (Δi/Δt).

Evidentemente à medida que (i_2) aproxima-se de (i_1) ocorre a diminuição da força induzida do móvel. E quando (t_2) tende a (t_1), a força induzida (Δi) verificada é extremamente pequena e o mesmo ocorre com o intervalo de tempo. Entretanto, a relação (Δi/Δt) não é obrigatoriamente pequena, assumindo um determinado valor limite.

Esse valor limite de ($\Delta i/\Delta t$), calculado quando (Δt) é extremamente pequeno é o impulso instantâneo da força induzida (i_1) ou força dinâmica do móvel no instante (t_1).

2.10 *Natureza da Equação da Força Induzida*

Um corpo encontra-se no processo de lançamento retilíneo uniformemente variado quando seu impulso escalar mantém-se constante durante todo o processo do fenômeno do movimento e a sua trajetória é retilínea.

Dessa maneira, pelo que já foi estabelecido na presente tese, pode-se afirmar que:

a) Sob a ação de um impulso constante, as variações de forças induzidas são proporcionais aos intervalos de tempo. Ou seja, o móvel ao se deslocar apresenta variações de forças induzidas iguais em intervalos de tempos iguais.

b) Em qualquer ponto do movimento, o impulso escalar médio do móvel apresenta sempre o mesmo valor e é sempre o mesmo. Em outros termos, em qualquer intervalo de tempo que se considere, o impulso médio é sempre constante. Isto se deve ao fato da variação da força induzida ser proporcional ao intervalo de tempo. Este lançamento variado particular é descrito como lançamento uniformemente variado. Usando o vocabulário da Cinemática, esse lançamento é denominado por movimento uniformemente variado.

c) Em qualquer ponto do deslocamento do móvel, o impulso instantâneo é o mesmo e ainda igual ao seu impulso escalar média em qualquer ponto do movimento.

d) Considere um móvel deslocando-se numa trajetória qualquer com a seguinte característica: sua força induzida escalar instantânea varia a cada instante. Se essa variação se processar de forma uniforme, o lançamento será dito uniformemente variado.

Nestas condições nota-se que as variações de forças induzidas são proporcionais aos correspondentes intervalos de tempo.

Durante o primeiro intervalo de tempo (Δt_1), a força induzida do móvel passou de (i_0) para (i_1). Ou seja, variou de ($i_1 - i_0$).

Analogicamente pode-se seguir tal raciocínio com relação aos demais intervalos de tempos (Δt_2, Δt_3,..., Δt_n).

Portanto, de acordo com a definição tem-se que:

$$(i_1 - i_0)/\Delta t_1 = (i_2 - i_1)/\Delta t_2 = ... = (i_n - i_{n-1}) /\Delta t_n = \text{constante} = k$$

Ou, considerando que: $\Delta i_1 = i_1 - i_0$; $\Delta i_2 = i_2 - i_1$;... ; $\Delta i_n = i_n - i_{n-1}$; então se tem que:

$$\Delta i_1/\Delta t_1 = \Delta i_2/\Delta t_2 = ... = \Delta i_n/\Delta t_n = k$$

A proporção supra, indica que o impulso escalar médio em todos os pontos do movimento é constante.

Levando-se ao limite, obtém-se o seguinte:

$$\lim_{\Delta t1 \to 0} \Delta i_1/\Delta t_1 = f_1; \lim_{\Delta t2 \to 0} \Delta i_2/\Delta t_2 = f_2;... ; \lim_{\Delta tn \to 0} \Delta i_n/\Delta t_n = f_n.$$

Portanto, conclui-se que:

$$f_1 = f_2 = ... = f_n = \text{constante} = k$$

A referida igualdade vem a esclarecer que a mesma constante que é o impulso escalar médio de qualquer ponto é também o impulso escalar instantâneo em qualquer instante.

e) Um móvel em lançamento uniformemente variado apresenta forças induzidas iguais em intervalos de tempos iguais.

Assim, o impulso é uniforme quando a relação existente entre a força induzida e o tempo correspondente permanecer constante. Pode-se enunciar essa afirmação de outra maneira: que a força induzida é proporcional ao tempo. Sendo que tal proporção indica que o impulso médio é constante em todos os intervalos de tempos.

Simbolicamente, pode-se escrever que:

$$\mathbf{f_1 = f_2 = ... = f_n = constante = k}$$

A igualdade supra, demonstra que o impulso escalar médio é constante em qualquer intervalo de tempo. Essa constante é a principal característica que define o lançamento uniformemente variado, quando o impulso escalar se mantém constante durante todo o movimento.

2.11 *Equação da Força Induzida*

No presente item será discutido o estabelecimento de uma equação de força induzida no lançamento retilíneo uniformemente variado. Para tanto considere um móvel qualquer em queda livre numa reta orientada. Esta será convencionada como sendo a descrição da própria trajetória do móvel.

Para que se possa referir à força induzida que o móvel adquire a cada instante, será escolhida uma origem arbitrária, a qual é necessária para dar início à avaliação da força induzida.

Também deve ser estabelecido para a contagem dos intervalos de tempo, um instante que será também será arbitrário, denominado por *instante inicial.*

Seja então (p_0) a força induzida indicada na abscissa e (i_0) a força induzida inicial, com sendo a força induzida do móvel a partir do instante de tempo igual a zero ($t_0 = 0$).

Ao ter início o deslocamento, o móvel não necessita obrigatoriamente apresentar sua força induzida a partir de uma origem (0). Portanto, ele pode apresentar-se previamente sob a ação de uma força induzida, antes mesmo de iniciar sua contagem a partir de certo ponto da trajetória.

O presente estudo procura estabelecer uma equação que permita calcular a intensidade de força induzida que o móvel recebe em relação a uma origem (0), a qual é fixada em um dado instante.

Não se deve confundir a força induzida que o móvel já possuía anteriormente com a força induzida que posteriormente adquire ao se iniciar a observação de sua avaliação no decorrer do tempo.

Seja (p) a força induzida de abscissa (Δi) do móvel, num instante qualquer (t).

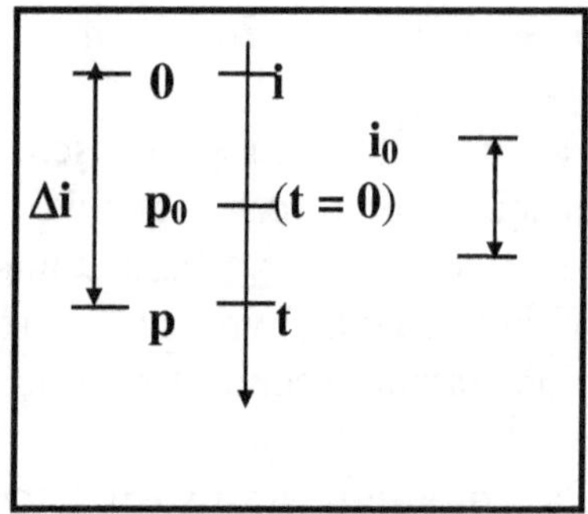

Sendo que (Δi) representa a variação de força induzida que o móvel apresenta em um instante qualquer (t), em relação à origem (0), e não a força induzida adquirida por ele ($i - i_0$) no intervalo de tempo que se estende de (0) a (t).

A partir destas informações será estabelecida uma lei que permite determinar a força induzida que o móvel recebe a cada instante (t).

Durante o intervalo de tempo (t – 0 = t), o móvel é realmente induzido pela força ($i - i_0 = \Delta i$). Assim, da definição de força dinâmica escalar média, tem-se que:

$$\mathbf{f_m = \Delta i/\Delta t}$$

Como no presente caso, a força induzida escalar média se iguala à força induzida escalar instantânea ($f_m = f$), então se pode escrever que:

$$\mathbf{f = \Delta i/\Delta t = (i - i_0)/ (t - 0) = (i - i_0)/t \Rightarrow f = (i - i_0)/t}$$

Portanto, pode-se concluir que:

$$\mathbf{i - i_0 = f.\ t}$$

Ou seja:

$$\mathbf{i = i_0 + f.\ t}$$

Esta é a equação da força induzida num móvel em processo de lançamento uniformemente variado. Ela permite obter a cada instante (t) o valor da força induzida escalar instantânea (i) do móvel.

3. Queda dos Corpos no Vácuo

3.1 *Introdução*

Neste capítulo será analisada a queda livre dos corpos próximos à superfície do planeta, bem como a relação existente entre a força induzida e a velocidade que o corpo apresenta. Também será estabelecida a relação existente entre o impulso e a aceleração do móvel.

3.2 *Vácuo*

Nas proximidades da superfície do planeta, considere um espaço destituído de qualquer meio material. Esse espaço livre é denominado por vácuo.

Vácuo tem o significado de vazio, sem nada, ausência total de matéria. Quando um corpo se desloca no vácuo, nenhuma força de resistência lhe é imposta.

No ar ou em qualquer outro meio material já é diferente. O meio material exerce uma resistência sobre o móvel no sentido de impedir seu movimento, e esta oposição tende a extrair a força induzida conservada pelo móvel.

3.3 *Arremesso*

Considere um corpo de qualquer peso ou massa. Ao abandonar esse corpo a partir do repouso ou arremessando-o verticalmente para cima, constata-se que o mesmo descreve em ambos os casos uma trajetória vertical, executando o chamado lançamento uniformemente variado.

Levando-se em conta que a experiência se realiza no vácuo, observa-se que o corpo atirado verticalmente para cima apresenta uma força induzida inicial (i_0). E, como a força induzida é a causa da velocidade, o corpo em questão apresentará obrigatoriamente uma velocidade inicial (v_0).

À medida que o móvel vai subindo, a força induzida inicial do móvel vai sendo extraída pela indução de uma força de origem gravitacional que se opõe à força induzida inicial de arremesso.

Tal fenômeno é classificado como "lançamento uniformemente variado destimulado" caracterizando toda a fase de subida. Isto se deve ao fato de que o corpo ao ser arremessado para cima apresentar um vetor oposto ao do campo gravitacional, além de se separar da fonte de lançamento.

Ao separar-se da fonte de força externa, o corpo permanece apenas com uma determinada quantidade de força induzida, responsável pelo deslocamento do móvel para cima.

Como a força do campo gravitacional se opõe à interação da força induzida inicial, tem-se a chamada "resistência gravitacional".

Se não houvesse a resistência gravitacional, o movimento do corpo arremessado seria retilíneo e uniforme para o infinito.

3.4 *Queda Livre*

A atração gravitacional provoca no móvel a manifestação da ação de uma força induzida gravitacional. Sendo que tal força induzida no intervalo de tempo extrai gradativamente a força induzida inicial de arremesso. E este fenômeno prossegue até a anulação total da força induzida inicial.

Porém, como a fonte gravitacional, aparentemente, é inesgotável, continua atuando sobre o corpo, que após ter dissipada a sua força induzida de arremesso, muda de sentido e passa a ser atraído para o centro do campo gravitacional, retornando ao ponto inicial de arremesso com a mesma intensidade de força com que havia partido.

Durante a fase de queda o lançamento é uniformemente estimulado. Isto é explicado da seguinte maneira: na ausência de forças dissipativas, um corpo ao entrar em queda livre será atraído para o centro do campo gravitacional. E à medida que se desloca para esse centro, o móvel vai sofrendo uma indução pela ação do impulso gravitacional, o que lhe causa o deslocamento. À medida que a força induzida varia a velocidade do móvel também varia em função da intensidade da referida força induzida.

3.5 *Força Induzida*

O campo gravitacional induz continuamente, num determinado intervalo de tempo, uma mesma força. Essa força é chamada por força induzida gravitacional, visto que movimenta os corpos e se acumula no movimento do corpo, pois não existe a ação de nenhuma força de resistência que posso extraí-la. Portanto, o móvel passa a armazenar essa força que se acumula de forma contínua e uniforme, aumentando gradativamente numa quantidade cada vez maior, causando assim, aumento gradativo na velocidade do corpo.

Pode-se notar que a força induzida não se transforma em velocidade, mas ela permanece armazenada no móvel, o que se comprova pela violência resultante de um eventual impacto.

Enquanto a força induzida permanecer conservada, o movimento do móvel continuará ao infinito. Tal força somente pode ser extraída por outra que se oponha ao seu vetor.

3.6 *Força Dinâmica*

É muito interessante observar que a força induzida e a velocidade são duas faces da mesma moeda.

A experiência permite concluir que o impulso adquirido pelos corpos em queda livre é o mesmo para todos os corpos, independentemente de sua massa, peso ou forma, sendo constante e dirigida verticalmente para o centro do campo gravitacional. Tal força é denominada por força dinâmica gravitacional, sendo uma constante característica do local. Na presente obra será verificada que o impulso gravitacional é conseqüência da ação da gravidade. O impulso gravitacional também pode ser representado pelo símbolo (f) e o seu valor varia um pouco com a altitude e latitude do lugar.

3.7 *Característica do Movimento*

a) Quando o móvel atinge a altura máxima, sua força induzida inicial de arremesso é totalmente extraída do móvel e, matematicamente, a força induzida é nula ($i = 0$) o que causa uma velocidade nula ($v = 0$). Portanto, o corpo não apresenta nenhuma força induzida conservada e por tal motivo entra em repouso.

b) A força induzida que o móvel apresenta no momento do arremesso é igual à força induzida que o mesmo apresenta ao retornar no ponto de onde havia partido. Ou seja, a intensidade da força induzida de partida é igual à de retorno.

c) O tempo empregado pelo móvel ao atingir o ponto de altura máxima é igual ao tempo gasto pelo móvel ao retornar no ponto de seu arremesso.

d) Sendo o ponto inicial, um ponto genérico da trajetória, então para qualquer ponto, a força induzida que desloca o móvel na subida é em módulo igual à força induzida que o móvel apresenta ao passar pelo mesmo ponto na queda.

e) De igual maneira, o tempo gasto pelo móvel para se deslocar de um ponto qualquer da trajetória até o ponto de altura máxima, é o mesmo que ele emprega ao retornar a esse mesmo ponto.

3.8 *Sinais*

A força induzida (i) que os corpos, dos mais diferentes pesos ou massas, adquirem em queda livre, quando próximos à superfície do planeta é igual ao valor da força induzida inicial (i_0) somada com o produto existente entre o impulso gravitacional (f) pela variação de tempo (Δt).

Simbolicamente o referido enunciado é expresso pela seguinte igualdade:

$$\mathbf{i = i_0 + f.\ \Delta t}$$

Com base na referida equação, procura-se agora estabelecer os sinais da força induzida e do impulso, segundo as convenções algébricas. Entretanto, analisadas sob a óptica do fenômeno físico.

Não existe qualquer diferença para um corpo em queda livre ou em lançamento vertical, considerando um valor adequado de tempo (Δt), sempre será possível anular a força induzida inicial (i_0), por maior que seja.

O vetor de um campo gravitacional é por natureza, orientado para o centro desse campo, pois se trata de uma interação atrativa.

Assim, podem-se estabelecer os seguintes fundamentos:

a) Sempre que se orientar o vetor da força induzida de arremesso contra o vetor do campo gravitacional, o sinal da força induzida inicial será **negativo**. Pois a força induzida está se opondo ao vetor do campo gravitacional e somente ela pode ser alterada.

Nestas condições, o lançamento é uniformemente variado destimulado e o sinal do impulso gravitacional será **positivo**.

b) Toda vez que o vetor da força induzida de arremesso coincidir com o vetor do campo gravitacional, o sinal que a força induzida inicial adquire será **positivo**.

Diante desta situação o lançamento será uniformemente variado estimulado e o sinal do impulso continua **positivo**. Pois foi o móvel quem mudou o sentido de seu movimento, passando a deslocar-se a favor do campo gravitacional.

Observe que o impulso gravitacional terá sempre o sinal positivo porque o vetor do campo gravitacional apresenta sempre um único sentido.

3.9 *Equilíbrio*

É fundamental frisar que a força induzida que um móvel apresenta é relativa ao sistema de referência adotado.

Toma-se, por exemplo, a análise das condições de equilíbrio de um ponto material.

Uma primeira noção de equilíbrio estático é o repouso. Assim, um ponto material se encontra em equilíbrio estático quando a distância entre o ponto material e o referencial adotado não variar no decorrer do tempo.

Desse modo, a força induzida que o corpo apresenta em relação a tal referencial é nula. Assim, pode-se escrever simbolicamente que:

$$\Sigma i = 0$$

Agora, um ponto material se encontra em equilíbrio dinâmico, quando a distância entre ambos varia no decorrer do tempo.

Em relação a um bi-referencial, pode-se verificar a existência de um referencial fixo, o chamado referencial inercial, quando apenas o ponto material desloca-se em relação a tal referencial.

Verifica-se ainda, através do bi-referencial que existe o referencial dinâmico que se desloca conjuntamente com o ponto material. E, quando ocorre uma variação de distância entre o referencial e o ponto material, tal fenômeno é denominado por equilíbrio dinâmico.

Simbolicamente pode-se escrever que:

$$\Sigma i \neq 0$$

Resumidamente pode-se afirmar que na natureza há dois tipos de equilíbrio, a saber:

a) Um ponto material apresenta-se em equilíbrio estático bastando impor a condição de que a força induzida entre o móvel e o referencial permaneça constantemente nula no decorrer do tempo. Diante desta circunstância, pode-se concluir que o ponto material está em repouso em relação ao referencial considerado.

b) Quando o móvel apresentar uma força induzida variável em relação a qualquer referencial, tal móvel apresenta o chamado equilíbrio dinâmico.

Pelo que foi afirmado, o conceito de equilíbrio é relativo ao sistema de referência. Por exemplo, um corpo em queda livre apresenta movimento em relação ao solo e, portanto, está em equilíbrio dinâmico. Entretanto, tal móvel pode estar em repouso em relação a outro móvel que lhe acompanha na queda livre. Portanto, dependendo do referencial considerado, um ponto material qualquer pode ao mesmo tempo estar em equilíbrio estático ou dinâmico.

3.10 *Função Força Induzida*

No Dinamismo entende-se por força induzida, a força que causa a velocidade dos corpos.

Considere a força induzida que um móvel apresenta no decorrer do movimento num determinado espaço que vai de uma origem, fixada arbitrariamente, até a posição onde o móvel se encontra.

Seja (v) a velocidade do móvel em função de uma determinada intensidade de força induzida, em relação a um determinado sistema de referência.

Para determinar a velocidade do móvel em relação à força induzida, deve-se fixar uma origem e, evidentemente, o sentido da velocidade coincide com o sentido da força induzida.

A velocidade que um móvel adquire em um determinado instante (t), fica perfeitamente determinada pela força induzida que lhe origina.

Naturalmente, ocorrem situações em que no instante em que se iniciou a avaliação da velocidade, o móvel já se encontrava com certa força induzida e, portanto, apresentava uma velocidade inicial.

Assim sendo, pode-se afirmar que a maneira pela qual a velocidade varia em função da força induzida, constitui um dos princípios fundamentais do Dinamismo. Então, obviamente, a velocidade é uma função da força induzida.

Simbolicamente, o referido enunciado pode ser expresso por:

$$v = \phi(i)$$

A referida equação permite determinar a velocidade do móvel em relação a uma origem, em cada intensidade de força induzida.

3.11 *Noções de Forças*

A partir do presente item será analisada com certa profundidade a conseqüência da força induzida sobre os movimentos dos corpos. Esta é uma parte de extrema importância, pois aprofunda a compreensão do movimento dos corpos e de suas causas.

Em Dinamismo, além da noção de velocidade, existe também a noção de força induzida.

Em geral, a ideia de força é intuitiva e se encontra associada à noção de esforço muscular. Desse modo, pode-se afirmar que quando se empurra ou se puxa um corpo, exerce-se uma força sobre o mesmo.

Evidentemente as força impressas sobre um corpo podem ser de diversas origens, como por exemplo: pressão, atração, contato, elástica etc. Porém, quando se referem às forças que causam o aparecimento de velocidades, elas recebem o nome de "forças induzidas".

Portanto, em Dinamismo, as forças induzidas no móvel são responsáveis pelas velocidades e pelo grau de violência do impacto num eventual choque mecânico entre os corpos.

3.12 *Da Causa Para o Efeito*

Sempre que um corpo livre apresentar uma força externa constante; isto implica que tal móvel se encontra sob a ação de um impulso de valor constante e contínuo, o que provoca o aparecimento de uma força induzida variável armazenável no móvel, sendo que tal força é diretamente responsável pela variação de velocidade do ponto material.

Desde o início, o principal objetivo do presente tratado principia-se na conexão entre movimento, velocidade e força induzida. Pois quando um corpo se encontra em repouso em relação a certo referencial, para movimentá-lo é necessário aplicar-lhe certa intensidade de força. Naturalmente é bem mais racional definir a velocidade em função da força induzida que causa tal velocidade. Pois, dessa maneira, será definida a causa final a partir das causas iniciais. Ou melhor, os efeitos a partir das causas.

3.13 *Indução e Extração de Força*

Quando qualquer corpo que se encontra em repouso em relação a certo referencial, seja ele dinâmico ou estático, para deslocá-lo é necessário induzir-lhe certa força. Caso o corpo já esteja em movimento, para modificar a sua velocidade, em valor ou direção é absolutamente necessário induzir-lhe uma força ou extrair a força induzida.

As experiências permitem concluir que toda força induzida num corpo produz algum movimento e uma força dupla produzirá um movimento duplo e uma tripla um triplo movimento e assim sucessivamente. Tal movimento é por natureza orientado para a mesma direção da força induzida. Se o corpo se deslocava antes, ou se acrescenta a seu movimento caso coincida com ele; ou se subtrai dele caso lhe seja contrário; ou sendo obliquo ajuntasse-lhe obliquamente, compondo-se com ele segundo a determinação de ambos.

Ao alterar a força induzida de um móvel, de qualquer modo, o movimento deste também se modificará. Com efeito, as forças induzidas ao mudarem, igualmente as mudanças das velocidades efetuar-se-ão da mesma forma em módulo e em direção.

3.14 *Peso e Força Induzida*

O peso é uma força que varia em função da massa que compõe o corpo, o que experimentalmente é correto. Entretanto, ao admitir que essa força seja responsável pelo movimento do corpo, naturalmente, deve-se admitir que quanto maior for a massa tanto maior será o peso e, conseqüentemente maior será o movimento desse corpo.

Entretanto, tais conclusões estão em extremo desacordo com as experiências de Galileu, que demonstrou que todos os corpos independentemente de seu peso ou massa, adquirem as mesmas velocidades ao entrarem em queda livre a partir do mesmo ponto.

Ora, se as força são os agentes que causam as variações de velocidades, inevitavelmente concluí-se que todos os corpos, independentemente de seu peso ou massa, são atraídos para o centro do campo gravitacional com a mesma intensidade de força e à medida que essa variar, as velocidades dos corpos também sofrerá variações.

Independentemente das causas que as provocam, as forças são medidas e estudadas a partir dos efeitos que produzem, e, um desses efeitos é a velocidade dos corpos e suas variações provocadas pela força induzida.

A velocidade de um corpo será tanto maior quanto maior for a intensidade de força induzida que se apresenta acumulada no móvel. Para aumentar ou diminuir a velocidade é necessário a ação de uma força. Quando se atira um corpo em qualquer direção do espaço, se nenhuma força se opuser a ele, este seguirá indefinidamente seu movimento com velocidade constante no mesmo sentido da força induzida, enquanto esta se manter conservada no móvel.

3.15 *Relação Força Induzida - Velocidade*

O conceito dinâmico de força mostra que ela é o agente físico responsável pela velocidade dos corpos. As experiências constantemente realizadas revelam que a velocidade de um corpo se modifica, somente quando sobre ele se aplicar uma força externa.

Como o Dinamismo demonstra, as variações de velocidades que os corpos sofrem, ocorrem somente quando existe variação de força induzida. Isto permite concluir que a aplicação contínua de uma força externa constante acaba por gerar uma força induzida que se acumula no móvel.

A relação existente entre força induzida e velocidade é uma lei natural que permite explicar e demonstrar com exatidão a intensidade de força induzida necessária para se produzir determinada velocidade exigida.

Foi por esse motivo que foi proposto o Dinamismo. Ele procura estabelecer uma lei básica e necessária para a análise geral do movimento, relacionando-o com as força induzidas, aplicadas a um ponto material de qualquer peso ou massa e a velocidade que resulta dessa força induzida.

3.16 *Lei do Dinamismo*

Sendo (Δi), a variação de força induzida num corpo, (B) a chamada constante indutória, que indica o grau de força induzida e (Δv) a variação de velocidade do corpo. Então, pode-se enunciar a seguinte lei: *Uma força externa atuando sobre um ponto material, ocasiona uma velocidade, cuja variação é diretamente proporcional à intensidade da variação da força induzida, cuja direção e sentido se faz segundo uma linha reta pela qual vetorialmente a força foi induzida.*

Suponha que um corpo esteja em queda livre. Logo ele recebe uma força que lhe é induzida sucessivamente (Δi_1, Δi_2,..., Δi_n). Sabe-se que o corpo em queda livre adquire sucessivamente uma variação de velocidade, (Δv_1, Δv_2,..., Δv_n). Em tais condições, pode-se escrever que:

$$\Delta v_1 = B.\ \Delta i_1 \rightarrow B = \Delta v_1/\Delta i_1 = \text{constante}$$

$$\Delta v_2 = B.\ \Delta i_2 \rightarrow B = \Delta v_2/\Delta i_2 = \text{constante}$$

$$\Delta v_n = B.\ \Delta i_n \rightarrow B = \Delta v_n/\Delta i_n = \text{constante}$$

Assim, observa-se que a constante de proporcionalidade denominada por indutória (B) entre a velocidade produzida pela força induzida é sempre a mesma, qualquer que seja a força induzida sobre o corpo, independentemente de seu peso ou massa. Isto se deve ao fato de que, seja quanto for a variação da força induzida que a velocidade varia conjuntamente tanto quanto ela.

Pode ocorrer que se aplique uma grande intensidade de força externa para se deslocar um corpo, e este adquire apenas uma pequena velocidade que não corresponde à grande intensidade de força aplicada sobre o ponto material. Isto se deve ao fato de que a força aplicada externamente resulta num pequeno impulso que comunica uma pequena intensidade de força induzida no decorrer do tempo. O restante da força externa é empregado para vencer a inércia que se opõe à alteração do estado de repouso ou movimento do corpo.

Pode ainda ocorrer que a força externa resulta numa grande força dinâmica que comunica uma grande intensidade de força induzida e, entretanto, esta por sua vez pode estar sendo extraída do móvel pela ação de forças externas de resistência, como por exemplo, a resistência do ar ou o atrito de uma superfície.

A lei do Dinamismo pode ser enunciada da seguinte maneira: *No lançamento uniformemente variado, a velocidade é igual ao produto existente entre a indutória (B) pela variação da força induzida nesse móvel.*

Simbolicamente, o referido enunciado é expresso pela seguinte igualdade:

$$\Delta v = B.\ \Delta i$$

Portanto, quanto maior for uma força induzida comunicada ao móvel tanto maior será sua velocidade.

4. Detalhes do Movimento

4.1 *Introdução*

No presente capítulo será considerado o estudo da indutória, bem como a sua relação com o impulso. Também será realizada uma análise detalhada do movimento dos corpos sob a ação de uma força induzida.

4.2 *Indutória*

A Cinemática demonstra que a variação de velocidade de um corpo é igual ao produto existente entre sua aceleração pela variação de tempo.

Simbolicamente o referido enunciado é expresso pela seguinte igualdade:

$$\Delta v = \alpha . \Delta t$$

Em Dinamismo, foi demonstrado que a variação da força induzida que um corpo adquire sob a ação de um impulso constante é igual ao produto existente entre o valor do impulso pela variação de tempo.

Simbolicamente o referido enunciado é expresso pela seguinte igualdade:

$$\Delta i = f . \Delta t$$

Desse modo, dividindo uma expressão pela outra, obtém-se que:

$$\Delta v/\Delta i = \alpha\cdot.\ \Delta t/f.\ \Delta t$$

Eliminando os termos em evidência, resulta que:

$$\Delta v/\Delta i = \alpha/f$$

Sabe-se que a indutória é igual à relação existente entre a variação de velocidade pela variação de força induzida.

Simbolicamente o referido enunciado é expresso pela seguinte igualdade:

$$B = \Delta v/\Delta i$$

Substituindo convenientemente as duas últimas expressões, pode-se escrever que:

$$B = \alpha/f$$

Ou que:

$$\alpha = B.\ f$$

Portanto, conclui-se que a aceleração que um móvel adquire é igual ao produto existente entre sua indutória pelo impulso.

4.3 *Característica Cinemática e Dinâmica*

Para cada um dos movimentos a seguir apresentado será levada em consideração a equação que relaciona velocidade e força induzida.

Para facilitar o estudo será considerado um móvel em lançamento retilíneo uniformemente variado. Para isso admite-se que esse ponto material desloca-se em queda livre, descrevendo uma trajetória retilínea, conforme a representação da seguinte figura:

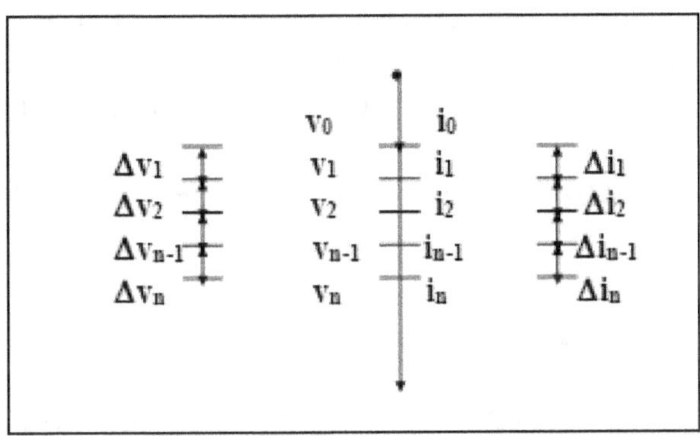

O lançamento é uniformemente variado quando a relação matemática existente entre a velocidade e a força induzida permanecer constante. Isto ocorre porque quando o corpo entra em queda livre, a partir do seu deslocamento, a sua velocidade escalar instantânea varia continuamente em cada instante, devido ao fato da força induzida instantânea ser armazenada continuamente a cada instante. Sendo que o armazenamento da força induzida é responsável pelo aumento da velocidade do móvel, bem como pela violência de um eventual impacto contra um anteparo qualquer.

A variação da velocidade e da força induzida se processa de forma uniforme. Costuma-se também afirmar que o lançamento é uniformemente variado. Nestas condições, observa-se que as variações de velocidades são diretamente proporcionais às correspondentes variações de forças induzidas.

Analisando o gráfico anterior, pode-se verificar que, durante a primeira intensidade de força induzida (Δi_1), a velocidade do móvel passou de (v_0) para (v_1). Ou seja, variou de (v_1 – v_0) devido ao fato da força induzida ter também variado de (i_1 – i_0). De forma análoga, pode-se seguir tal procedimento com relação às demais intensidades de forças induzida, (Δi_1, Δi_2,..., Δi_n), relacionadas com as variações de velocidades, (Δv_1, Δv_2,..., Δv_n).

Assim, de acordo com a definição, tem-se que:

$$(v_1 - v_0)/ (i_1 - i_0) = (v_2 - v_1)/ (i_2 - i_1) =... = (v_n - \Delta v_{n-1}) / (i_n - i_{n-1}) = cte$$

Ou seja:

$$\Delta v_1/\Delta i_1 = \Delta v_2/\Delta i_2 =... = \Delta v_n/\Delta i_n = cte$$

Na verdade essa proporção indica que a indutória é constante, pois se nota que a intensidade escalar, no trecho total do movimento, também é igual à indutória nos trechos parciais e igual à indutória escalar instantânea em cada ponto. Portanto, resulta que:

$$B_1 = B_2 =... = B_n = cte$$

Ao levar ao limite, obtém-se que:

$$\lim_{\Delta i1 \to 0} \Delta v_1/\Delta i_1 = B_1; \lim_{\Delta i2 \to 0} \Delta v_2/\Delta i_2 = B_2;...; \lim_{\Delta in \to 0} \Delta v_n/\Delta i_n = B_N.$$

Logo, conclui-se que:

$$B_1 = B_2 =... = B_n = cte$$

Pode-se afirmar que a mesma indutória escalar média em qualquer intervalo é também a indutória escalar instantânea em qualquer instante. Essa constante demonstra que a velocidade que o móvel adquire se manifesta de modo uniforme em relação à força induzida, que conseqüentemente ocorre de forma uniforme para que possa corresponder à uniformidade das variações de velocidades.

4.4 *Indutória Escalar*

Novamente considere um ponto material que se desloca numa trajetória qualquer.

Sejam (v) e (v + Δv) suas velocidades instantâneas nas forças induzidas (i) e (i + Δi), respectivamente.

A indutória é definida pela seguinte relação:

$$\mathbf{B = \Delta v/\Delta i}$$

Considere, agora, a seguinte ilustração esquemática:

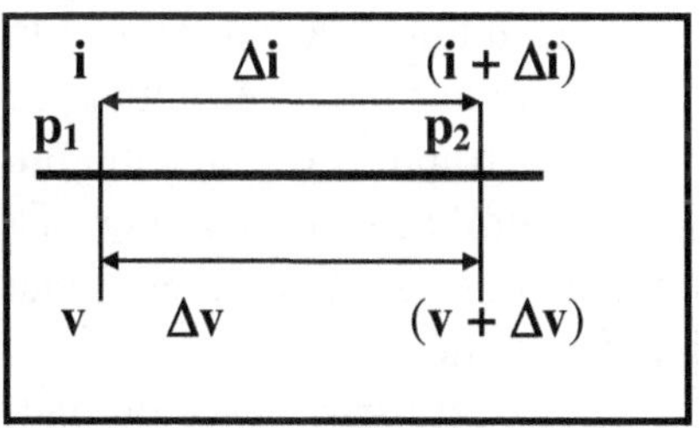

Define-se a indutória escalar instantânea, no ponto (p_1), o limite da indutória escalar média para (Δi) tendendo a zero.

Simbolicamente o referido enunciado é expresso pela seguinte igualdade:

$$\mathbf{B = \lim_{\Delta i \to 0} \Delta v/\Delta i}$$

Pela referida expressão pode-se concluir que a indutória escalar instantânea é um valor numérico que se obtém derivando a velocidade em relação à força induzida no móvel.

4.5 *Equação Cinedina*

Um móvel, independentemente de seu peso ou massa, se encontra em processo de lançamento uniforme quando a sua velocidade escalar instantânea varia uniformemente em função da variação da intensidade de força induzida. Portanto, pode-se concluir que:

a) Qualquer que seja o intervalo do movimento, a força induzida escalar média é constante.

b) O móvel adquire velocidades iguais em módulos de forças induzidas iguais.

c) As variações de velocidade do móvel são proporcionais às variações de forças induzidas.

d) Em qualquer ponto do movimento, a indutória escalar instantânea do móvel é a mesma e também igual à sua indutória escalar média em qualquer intervalo do movimento.

Ao tratar do lançamento uniformemente variado, considere um móvel qualquer. Considere também uma reta orientada que será convencionada com sendo a própria trajetória do móvel.

Para referir-se à velocidade que o móvel adquire em cada intervalo de força induzida, será considerada uma origem arbitrária. Será ainda considerada, para a avaliação da força induzida, uma força induzida inicial.

Portanto, seja (p_0) a velocidade registrada na abscissa (v_0) do móvel, no exato momento em que tem origem a observação e cálculo da força induzida (i_0).

Nesta avaliação se devem considerar os seguintes detalhes:

A) Ao ter início a avaliação da velocidade e da força induzida, o móvel não necessita obrigatoriamente encontrar-se em repouso. Portanto, o móvel pode estar previamente com certa velocidade e com certa intensidade de força induzida a partir da origem fixada na trajetória.

B) Deve-se ter em mente que a finalidade deste estudo é determinar a velocidade de um móvel em função de sua força induzida.

Então seja (p) a velocidade de abscissa (v) do móvel na intensidade de força induzida (i)

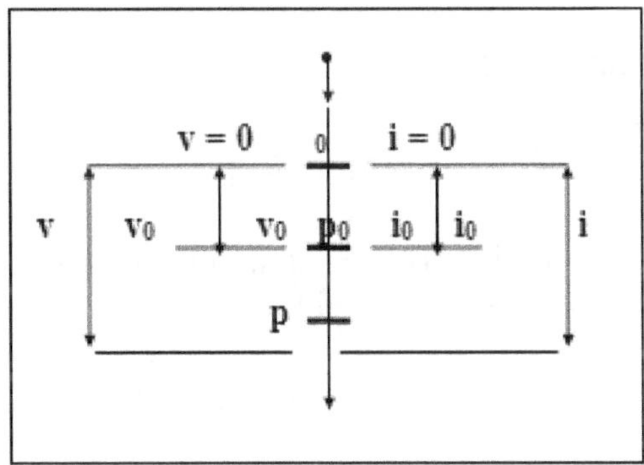

No referido esquema, note que (v) representa a abscissa que caracteriza a velocidade do móvel na força induzida (i), com relação à origem do deslocamento a partir do repouso (0), e não a velocidade adquirida por ele ($v - v_0$) na força induzida que se estende de ($i - i_0$).

Durante a intensidade de força induzida ($i - i_0 = \Delta i$), o móvel adquire uma velocidade ($v - v_0 = \Delta v$).

Da definição de indutória escalar média, tem-se que:

$$\mathbf{B = \Delta v/\Delta i}$$

Como a indutória escalar média se iguala à indutória escalar instantânea, pode-se escrever que:

$$\mathbf{B = \Delta v/\Delta i = (v_1 - v_0)/ (i_1 - i_0) = (v_2 - v_1)/ (i_2 - i_1) = ... = (v_n - v_{n-1}) / (i_n - i_{n-1}) = cte}$$

Tomando as forças induzidas (i_0) e (i_n), observa-se que nesse intervalo, a velocidade escalar do móvel variou de (v_0) a (v_n). Portanto, conclui-se que:

$$\mathbf{B = \Delta v/\Delta i = (v_n - v_0)/ (i_n - i_0) = (v_n - v_0)/\Delta i_n = cte}$$

Isto implica que:

$$\mathbf{v_n = v_0 + B.\ \Delta i_n}$$

Como o índice (n) é genérico, pode-se suprimi-lo, estabelecendo-se a seguinte expressão:

$$\mathbf{v = v_0 + B.\ \Delta i}$$

Esta é a denominada equação cinedina do lançamento uniformemente variado. Ela possibilita avaliar no decorrer da variação da força induzida, a velocidade adquirida pelo móvel no decorrer do movimento.

4.6 *Lançamento por Instrumentos*

Uma força externa somente opera sobre um corpo quando ela atua sobre ele, causando-lhe variações de suas grandezas vetoriais.

Tal força provém das chamadas fontes de lançamento. Sendo que nas fontes de lançamento por instrumento, a força induzida no móvel provém de esforços físicos, elásticos ou outros.

As fontes de lançamentos por instrumentos têm por objetivo arremessar corpos na imensidão do espaço. Essas fontes não interagem à distância, como atuam as forças oriundas de campos gravitacionais, elétricos, magnéticos ou outros. Mas para que os corpos entrem em movimento é necessário que antes estejam em contanto físico com a fonte e depois de arremessados sejam separados da fonte.

Para que um corpo próximo à superfície do planeta possa entrar num lançamento vertical é necessário ser arremessado por uma fonte de lançamento por instrumento, esta comunica ao corpo arremessado uma força induzida inicial, com intensidade suficiente para permitir que o corpo se desloque contra o vetor do campo gravitacional.

A principal característica da fonte de lançamento por instrumento é que ela ao induzir uma força num corpo, este entre em movimento e logo depois se separa da fonte que o arremessa.

Portanto, ao se separar da fonte, o móvel passa a apresentar uma força induzida inicial (i_0) que permanece conservada no móvel e mantém o movimento ao infinito com uma velocidade constante. O móvel somente entrará em repouso se a força induzida for extraída pela ação de uma força externa que se oponha ao vetor da força induzida.

4.7 *Lançamento Uniforme*

Para a análise do lançamento uniforme, será considerado o estado de um ponto material isolado, que é aquele corpo que se desloca por um espaço onde não há a ação de nenhuma força externa, além daquela que possui induzida.

A primeira lei de Newton, vista sob o prisma do Dinamismo, permite afirmar que: Quando um ponto material é arremessado por uma fonte de lançamento por instrumento, ao isolar-se da fonte, tende a continuar eternamente com o mesmo valor da força induzida inicial comunicada pela fonte, pois não sofrerá a ação de nenhuma força externa. Como a força induzida inicial é conservada no móvel seu valor permanece constante, o que mantém a velocidade constante no decorrer do movimento.

A força comunicada pela fonte de lançamento por instrumento consiste somente na ação inicial, pois o corpo ao receber a ação da força induzida, entra em movimento e se separa da fonte.

De fato, o móvel persevera em seu estado de movimento uniforme em linha reta, apenas porque a força induzida inicial se mantém conservada com valores vetoriais absolutamente constantes.

4.8 *Uma Ilustração*

Uma vez comunicada uma força induzida sobre um corpo, este entra em movimento, se isolando da fonte de lançamento. Estando livre, a força induzida se mantém constante e armazenada no móvel, a menos que a ação de forças externas venha alterá-la.

Analogamente, uma vez iniciado o movimento ele se mantém indefinidamente, enquanto a força induzida permanecer conservada no móvel.

Quando se arremessa um corpo em qualquer direção do espaço, se nenhuma força externa atuar em sentido contrário ao da força induzida, tal corpo seguirá indefinidamente seu movimento devido à conservação da força induzida, e com velocidade constante devido à intensidade da força induzida permanecer constante.

Para ilustrar a ideia de indução de força e de sua conservação, considere um ciclista. Enquanto pedala sua bicicleta, ele está comunicando uma força induzida no sistema que se desloca. Ao parar de pedalar e se desprezar as forças de resistência, a força induzida permanecerá conservada numa quantidade constante e a bicicleta manterá uma velocidade constante, e, logicamente, um movimento uniforme.

Entretanto, se o ciclista passar a pedalar novamente sua bicicleta, esta irá armazenar uma quantidade de força induzida cada vez maior, sofrendo uma variação de velocidade maior.

4.9 *Lei do Lançamento Uniforme*

Quando o impulso for nulo é porque o móvel deixou de receber a ação de forças externas sobre ele aplicadas. Isto causa uma aceleração nula o que indica que o móvel não apresenta variação de velocidade. Em tais condições o móvel persevera no seu estado de movimento, pois apresenta a ação de uma força acumulada de intensidade constante.

Caso a força induzida permaneça constante, evidentemente, a velocidade permanecerá invariável e somente sofrerá variações quando o valor da força induzida variar.

No lançamento uniforme a força induzida é comunicada ao móvel e permanece conservada com a mesma quantidade que apresentava no momento do seu arremesso.

Desse modo, pode-se enunciar o seguinte princípio: *A força induzida de um móvel isolado permanece constante no decorrer do tempo.*

A referida lei está afirmando que a força induzida em um móvel é igual à força induzida no móvel isolado em qualquer intervalo de tempo.

Simbolicamente o referido enunciado é expresso pela seguinte igualdade:

$$i_0 = i_1 = i_2 = ... = i_n$$

Portanto, a força induzida em um móvel isolado é absoluta e permanece vetorialmente sempre a mesma para aquela quantidade induzida no início do movimento.

Visto que a velocidade é uma conseqüência da força induzida e que nenhuma força externa atua sobre o móvel isolado, então se pode afirmar que um corpo isolado, arremessado com uma determinada intensidade de força externa, recebe uma determinada quantidade de força induzida, que provoca o seu deslocamento em relação à fonte com uma velocidade igual ao produto existente entre a indutória e a força induzida inicial que recebeu no momento de seu lançamento.

Simbolicamente o referido enunciado é expresso pela seguinte equação:

$$V = B. i_0$$

4.10 *Tabela*

Considere o seguinte esquema:

TEMPO (t)	VELOCIDADE (v)	FORÇA INDUZIDA (i)
t_1	v_1	i_1
t_2	v_2	i_2
t_3	v_3	i_3
t_n	v_n	i_n

No movimento retilíneo uniforme e variado, tem-se que:

$$\Delta v = v_2 - v_1$$

Logo, pode-se estabelecer a seguinte relação:

$$\% = \Delta v / v_1 . 100\%$$

Assim, também se pode afirmar que:

$$\Delta i = \% . i_1$$

Sabe-se que:

$$i_2 = \Delta i + i_1$$

Entretanto, se $t_1 = 1$, isto implica que:

$$i_1 = f$$

Portanto, conclui-se que:

a) $\Delta i = \% . f$
b) $i_2 = \Delta i + f$

Ou seja:

$$i_2 = \Delta v / v_1 . 100\% . i_1$$

4.11 *Equação do Dinamismo*

De acordo com os fundamentos da presente teoria, pode-se afirmar que corpos dos mais diferentes pesos ou massas ao entrarem em queda livre próximos à superfície do planeta, ficam igualmente sujeitos ao mesmo valor de intensidade de força dinâmica gravitacional. Com isto adquirem forças induzidas iguais em intervalos de tempos iguais e, portanto, velocidades idênticas.

Entretanto, deve-se observar que o valor do impulso somente sofre algum tipo de alteração, se a ação da força externa variar.

Isto quer dizer que uma força externa dupla responde por uma dupla força induzida e uma força externa tripla comunica uma tripla força induzida. Assim, pode-se demonstrar a seguinte verdade:

Sabe-se que:

$$\alpha = \mathbf{B} \,.\, \mathbf{f}$$

A Segunda Lei de Newton permite escrever que:

$$\mathbf{F} = \mathbf{m} . \,\alpha$$

Substituindo convenientemente as duas últimas expressões, vem que:

$$\mathbf{F} = \mathbf{m} . \,\mathbf{B} . \,\mathbf{f}$$

Logo a força externa aplicada sobre um móvel é igual ao produto existente entre a massa pela indutória e pelo impulso.

4.12 *Distribuição de Forças*

Quando uma força externa é aplicada sobre um corpo, ela é parcialmente consumida para vencer a resistência da inércia, parcialmente utilizada para vencer o peso e parcialmente empregada no movimento do corpo.

Considere que F seja a força aplicada externamente sobre o móvel, I seja a parcela consumida pela inércia, P seja a parcela absorvida pelo peso e i a parcela transmitida para o movimento do corpo, de modo que:

$$\mathbf{F = I + P + i}$$

Para avaliar que proporção da força externa aplicada sobre o corpo sobre os fenômenos de consumação inercial, absorção do peso e transmissão ao movimento, tem-se a definição das seguintes grandezas adimensionais.

Índice da inércia

$$\mathbf{a = I/F}$$

Índice do peso

$$\mathbf{b = P/F}$$

Índice da indução

$$\mathbf{c = i/F}$$

A soma dessas três grandezas permite escrever que:

$$\mathbf{a + b + c = I/F + P/F + i/F = (I + P + i)/F = F/F}$$

Assim, resulta que:

$$\mathbf{a + b + c = 1}$$

Por exemplo, quando um corpo apresentar índice de inércia de valor a = 0,6 isto significa que 60% da força externa aplicada sobre o móvel foi utilizada para vencer a inércia da matéria. Os restantes 40% podem encontrar-se divididos entre o índice do peso e o índice da indução.

Uma observação interessante é que quando não há o índice do peso (b = 0), o corpo encontra-se foram da influência de um campo gravitacional. Nesse caso tem-se que:

$$\mathbf{a + c = 1}$$

4.13 *Crítica à Dinâmica*

As equações e as teorias newtonianas são as interpretações aceitas pela ciência ortodoxa, e que prevalecem neste século. Não é intenção da presente obra desafiar as teorias de Newton, que são verdadeiros postulados da Mecânica Clássica e que interpretam a realidade razoavelmente bem, quando observada sob sua perspectiva macroscópica.

Verdade é que a presente obra tem por objetivo complementar as ideias do sábio inglês, apresentando a proposta do Dinamismo como uma ciência atada à problemática da Mecânica Macroscópica. Isto é necessário porque em muitos problemas de Física Teórica, as equações e os princípios newtonianos não conseguem explicar qualitativamente todos os aspectos dinâmicos dos fenômenos observados e nem solucionam satisfatoriamente o que a teoria quer exprimir matematicamente.

Realmente, existe a consciência de que as leis de Newton não estão erradas, pois são largamente comprovadas pela experiência e engenharia. Entretanto, devido a sua ampla generalização, não podem ser aplicadas a muitos fenômenos, como requer a teoria, principalmente sob o seu aspecto dinâmico.

No que se refere à teoria do Dinamismo, até o presente momento, ela tem patenteado a existência de novos fenômenos de interação de forças, bem como problemas gravitacionais que derivam da teoria com uma conseqüência natural e geral.

5. Forças Gravitacionais

5.1 *Introdução*

No presente capítulo será considerado o estudo do fenômeno gravitacional e de sua relação com as forças externa e dinâmica. Este estudo permite ampliar consideravelmente a visão da natureza.

5.2 *A Gravidade e a Distância*

Os corpos dos mais diferentes pesos ou massas ao entrarem em queda livre, a partir de uma mesma altura, são levados rumo ao centro do campo gravitacional do planeta. Na ausência de resistência, são igualmente impulsionados com uma mesma força induzida, pois se deslocam juntos percorrendo espaços idênticos e atingindo o solo de forma simultânea.

A força que impulsiona os corpos em queda livre, induzindo-os com os mesmos valores e intensidades é de origem gravitacional.

As experiências demonstram que os corpos estão sujeitos à ação de uma atração gravitacional maior em uma distância menor, e menor em uma distância maior. Sendo que essa distância é medida a partir do centro do campo gravitacional e estendendo-se até o centro ponto material considerado.

Como o impulso é uma conseqüência direta da ação gravitacional, ele interage sobre o corpo. Então é evidente que as forças induzidas serão maiores nos valem e menores nos cumes dos montes e cada vez menor em distância cada vez maior a partir do centro do planeta. Sendo, porém, igual a distâncias iguais, visto que todos os corpos independentemente de sua massa são igualmente submetidos a uma ação atrativa de origem gravitacional.

5.3 *A Gravidade e a Queda Livre*

Os corpos ao entrarem em queda livre se dirigem rumo ao centro do campo gravitacional. Quanto mais se aproximarem desse centro, tanto mais fortemente sofrem a ação da força atrativa do campo gravitacional. Portanto, os corpos deslocam-se muito mais rápidos nos vales do que nos cumes das montanhas muito altas, como constantemente as experiências têm demonstrado.

O campo gravitacional interage somente com forças atrativas, cuja origem não é mais bem conhecida.

Porém, é essa atração de origem gravitacional que leva os corpos a se deslocarem em direção ao centro do campo de gravidade.

Esta atração gravitacional ao interagir num corpo em repouso provoca o aparecimento do peso e ao interagir num corpo livre provoca o aparecimento da força induzida.

A força induzida nos corpos com os mais diferentes pesos é maior em um intervalo de tempo maior de queda e menor em um intervalo de tempo menor de queda. E, no mesmo intervalo de tempo, é maior próximo ao centro do planeta e menor nas alturas do céu.

Também se pode afirmar que o peso de um corpo é maior numa massa maior e menor em uma massa menor. E, no mesmo corpo, é maior próximo ao centro do planeta e menor na distância desse centro. Entretanto, o peso não influencia em nada a força induzida.

5.4 *Campo Gravitacional*

O campo gravitacional se estende tridimensionalmente em torno da matéria, provocando os mais variados fenômenos, resultantes da interação com outros corpos. Desse modo, em qualquer ponto da região que circunda uma partícula existe uma atração sobre outra partícula qualquer colocada nesse campo. A região que envolve a massa de um corpo é conhecida por "campo gravitacional", e exerce somente força de atração.

Desse modo, em torno dos planetas, existe um campo gravitacional e as partículas liberadas nesse campo são atraídas rumo ao centro do campo gravitacional do planeta.

Portanto, a atração do campo gravitacional é responsável pela ação de uma força exercida sobre a matéria, causando-lhe o peso e a força induzida.

A força induzida causa o fenômeno cinemático da velocidade dos corpos, pois a força induzida que movimenta os corpos provém do impulso multiplicada pelos intervalos de tempos, e a velocidade surge com conseqüência natural da força induzida multiplicada pela indutória.

Conseqüentemente, junto à superfície terrestre, todos os corpos se deslocam fortemente rumo ao centro da Terra. A força induzida por conseqüência do impulso gravitacional é também bem maior próximo à superfície terrestre. Se subir às regiões onde a atração gravitacional é menor, a intensidade do impulso é bem menor e conseqüentemente o valor da força induzida também diminuirá e, portanto, a velocidade dos corpos rumo ao centro da Terra também diminuirá, e será sempre o valor da indutória multiplicada pela força induzida.

Desse modo, nas regiões onde o impulso é duplamente menor, a força induzida no móvel, num dado intervalo de tempo duplo ou triplamente menor, será quatro ou seis vezes menor.

O campo gravitacional exerce uma atração natural sobre a matéria. Essa atração estende-se até os confins do cosmo e, naturalmente, cada vez mais fraco à medida que a distância aumenta. Essa força é a mesma que estimula os corpos a se movimentarem rumo ao centro do campo que lhe atraí, além de ser diretamente responsável pelo peso da matéria.

5.5 *A Gravidade e a Forma da Terra*

Aristóteles supunha que a Terra era uma esfera perfeita. Entretanto, sabe-se que as dimensões do raio equatorial é maior do que a do raio polar. Por causa da diferença dessas dimensões, a Terra não pode de forma alguma ser considerada uma esfera perfeita.

O raio polar do sul mede cerca de quatro quilômetros em relação à medida do raio polar do norte. Por este motivo a terra é descrita como sendo um sólido redondo levemente achatado nos pólos.

Tendo em vista que a terra é achatada nos pólos, pode-se afirmar que, nos pólos os corpos encontram-se mais próximos ao centro do campo gravitacional que no equador. Por este motivo, os corpos em queda livre se deslocam muito mais rapidamente nos pólos do que no equador e os mesmos corpos pesam mais nos pólos do que no equador.

O impulso gravitacional tende a atrair os corpos para o centro gravitacional e, quanto mais próximo desse centro, maior será a intensidade de força dinâmica que atrai o corpo, determinando o peso dos corpos em repouso e a força induzida dos corpos livres.

Sabe-se que quanto maior for o impulso, tanto maior será a força induzida que desloca o corpo e, portanto, maior será a velocidade. O impulso será tanto maior quanto maior for a intensidade do campo gravitacional.

5.6 *O Inverso do Quadrado da Distância*

Qualquer que seja a altura que um corpo seja solto, para entrar em queda livre a sua força induzida e a sua velocidade estarão de acordo com a proporção representada pelas leis do Dinamismo.

A intensidade de força dinâmica que impulsiona os corpos com as mais diferentes massas rumo ao centro do campo gravitacional, apresenta um valor constante. Nestas condições, os corpos adquirem as mesmas velocidades e, portanto, as mesmas forças induzidas.

As experiências permitem demonstrar que a intensidade de força dinâmica gravitacional diminui no alto de uma montanha e aumenta quando nos vales.

O Dinamismo demonstra que a intensidade de força dinâmica gravitacional varia na razão inversa do quadrado da distância. Assim, posso representar graficamente a intensidade de força dinâmica pela função do inverso do quadrado da distância.

Sejam (y) e (x), duas varáveis, associadas pela relação, ($y = k/x^2$) e (y) denominada função do inverso do quadrado de (x).

Tabelando-se (y) em função de (x), obtém-se o seguinte gráfico genérico para o inverso do quadrado de qualquer número.

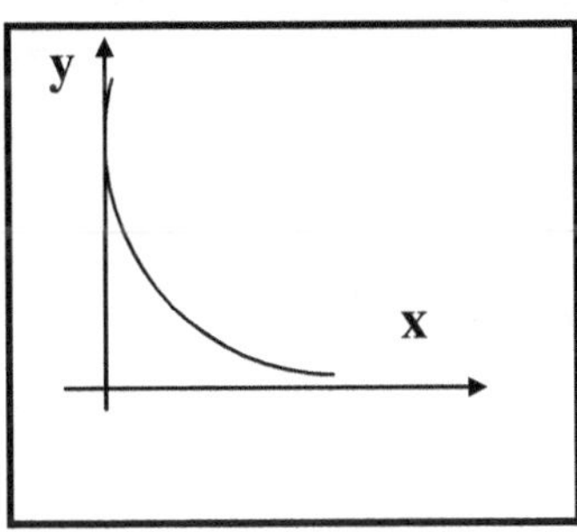

A atração gravitacional provém de uma causa que se estende desde o centro da massa dirigindo-se e espalhando-se em todas as direções atingindo imensas distâncias com a sua intensidade decrescendo sempre pelo inverso do quadrado das distâncias.

Fundamentalmente o impulso gravitacional é tanto maior quanto maior for a massa do corpo que produz o campo gravitacional e menor quanto maior for a distância que separa o corpo do centro do campo gravitacional.

5.7 *Força Dinâmica Gravitacional*

A lei da gravitação universal permite estabelecer que o impulso gravitacional é diretamente proporcional à massa do corpo que produz o campo gravitacional e inversamente proporcional ao quadrado da distância que separa o ponto material do centro do campo gravitacional.

Simbolicamente, o referido enunciado é expresso pela seguinte relação:

$$\mathbf{f = k.\ M/d^2}$$

A referida expressão mostra a forma como o impulso gravitacional varia com a distância (d) que separa o centro do campo gravitacional do ponto considerado.

Ela não é válida para pontos situados internamente à superfície terrestre. Este campo é nulo no centro e cresce até a superfície onde ocorre o seu valor máximo.

5.8 *O impulso e a Altitude*

Verifica-se que a atração gravitacional próxima à superfície da Terra é praticamente constante. Até a uma altitude de dez quilômetros a gravidade não afeta sensivelmente o impulso, a força induzida, a velocidade ou o peso dos corpos. Assim parece razoável admitir que a atração gravitacional permaneça constante até esse limite.

Entretanto, o problema que será considerado, envolve distâncias muito grandes. Nestas condições a ação do campo gravitacional varia de forma significativa com o inverso do quadrado da distância.

Portanto, considere um ponto (a) localizado na superfície do planeta. Também considere um ponto (b) situado numa certa altitude, em relação à superfície do planeta. Tudo conforme representado pela seguinte figura:

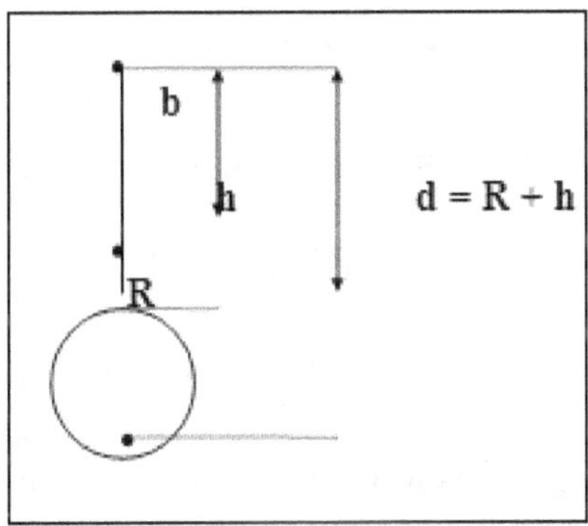

Sabe-se que o impulso gravitacional no ponto (a) é expressa por:

$$f_0 = k\ M/R^2$$

Sabe-se que o impulso gravitacional no ponto (b) é expressa por:

$$f = k.\ M/(R + h)^2$$

Dividindo membro a membro as expressões (f_0) e (f), obtém-se que:

$$\mathbf{f/f_0 = [k.\ M/(R + h)^2]\ /\ (k.\ M/R^2)}$$

Como o produto dos meios é igual ao produto dos extremos, pode-se escrever que:

$$\mathbf{f/f_0 = (k.\ M.\ R^2)/\ [k.\ M.\ (R + h)^2]}$$

Eliminando os termos em evidência, resulta que:

$$\mathbf{f/f_0 = R^2/\ (R + h)^2}$$

Portanto, pode-se escrever que:

$$\mathbf{f = f_0.\ R^2/\ (R + h)^2}$$

Também, pode-se escrever que:

$$\mathbf{f = f_0.\ [R/(R + h)]^2}$$

Como o quociente R/(R + h) sempre será menor do que (1) e diminui à medida que a altura aumenta, pode-se concluir que o impulso gravitacional diminui à medida que a altura aumenta e, aumenta à medida que a altura diminui.

A referida expressão fornece o impulso gravitacional em qualquer planeta, bastando somente conhecer a massa (M) do planeta considerado, seu raio (R) e a altura (h) que se encontra um eventual corpo em queda livre.

5.9 *A Gravidade e o Peso*

Segundo o ponto de vista do Dinamismo, o peso de um corpo imerso num campo gravitacional é igual ao produto existente entre sua massa pelo impulso gravitacional.

Simbolicamente, o referido enunciado é expresso pela seguinte igualdade:

$$p = m.\ f$$

É muito importante observar que o conceito matemático de peso definido no Dinamismo é um pouco diferente do conceito newtoniano, principalmente sob o ponto de vista de seu módulo. Entretanto, fundamentalmente, ambos os conceitos apresentam o mesmo significado físico.

5.10 *O Peso e o impulso Gravitacional*

Foi apresentado que o impulso gravitacional é expressa pela seguinte equação:

$$f = k.\ M/d^2$$

O Dinamismo define o peso como sendo aquele expresso pela seguinte equação:

$$p = m.\ f$$

Substituindo convenientemente as duas últimas expressões, vem que:

$$p/m = k.\ M/d^2$$

Portanto, resulta que:

$$p = k.\ M.\ m/d^2$$

Logo, o peso de um corpo é proporcional às massas dos corpos atraídos, e inversamente proporcional ao quadrado da distância entre os seus centros.

Tal lei representa a lei da gravitação universal de Newton. A diferença fundamental da referida lei sob o ponto de vista da Dinâmica e do Dinamismo reside simplesmente na constante de gravitação, que altera os módulos da força.

É evidente que a lei de Newton sobre a gravitação universal teria que ser consistente com os conceitos do Dinamismo, caso contrário uma das duas teorias estaria errada. O importante no estudo da lei de Newton é que ela deve ser empregada sob o ponto de vista da Estática, caso contrário, a interpretação teórica e filosófica dinâmica seriam forçados.

5.11 *O Peso e a Altitude*

Foi demonstrado no presente trabalho que o peso é expresso pela seguinte igualdade:

$$\mathbf{p = m.\ f}$$

Também foi demonstrado que a forca dinâmica gravitacional é expressa por:

$$\mathbf{f = f_0.\ [R/(R + h)]^2}$$

Substituindo convenientemente as duas últimas expressões, vem que:

$$\mathbf{p = m.\ f_0.\ [R^2/\ (R + h)]^2}$$

Entretanto, o peso de um corpo próximo à superfície do planeta, pode ser expresso pela seguinte igualdade:

$$p_0 = m. f_0$$

Substituindo convenientemente as duas últimas expressões, resulta que:

$$p = p_0. [R/(R + h)]^2$$

5.12 *A Máquina de Atwood*

A máquina de Atwood é uma peça muito importante para análise do impulso.

Essa máquina é representada pela seguinte figura esquemática:

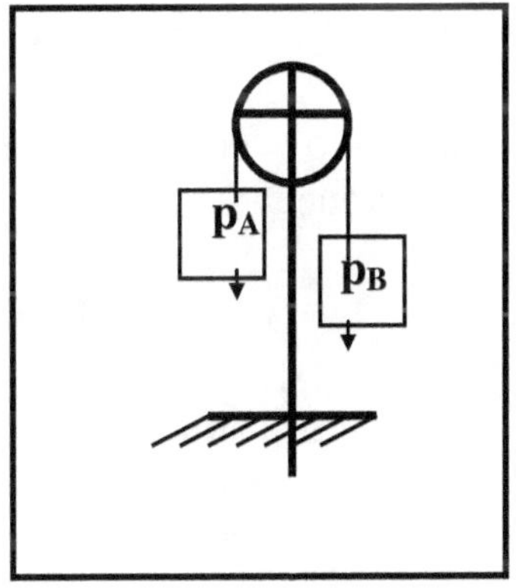

Considere que no referido sistema o peso (p_B) seja maior do que o peso (p_A).

Simbolicamente, pode-se escrever que:

$$p_B > p_A$$

Nestas condições, o peso (p_B) descerá e o peso (p_A) subirá.

Seja (f_R) o impulso resultante e (p_R) o peso resultante no sistema.

O peso resultante em tal sistema pode ser expresso de duas formas, a saber:

a) O peso resultante é igual à diferença entre o peso maior (p_B) pelo peso menor (p_A).

Simbolicamente, o referido enunciado é expresso por:

$$\mathbf{p_R = p_B - p_A}$$

Sabe-se que:

$$\mathbf{p_B = m_B . f}$$

$$\mathbf{p_A = m_A . f}$$

Substituindo convenientemente as três últimas expressões, vem que:

$$\mathbf{p = m_B . f - m_A . f}$$

Portanto, resulta que:

$$\mathbf{p = (m_B - m_A) . f}$$

b) O peso resultante em tal sistema, também pode ser definido como sendo igual à soma dos pesos relativos. Simbolicamente, pode-se escrever que:

$$\mathbf{p_R = p_{AR} + p_{BR}}$$

Sabe-se que o peso relativo é igual ao produto existente entre a massa pelo impulso resultante no sistema. Logo, pode-se escrever que:

$$\mathbf{p_{AR} = m_A . f_R}$$

$$\mathbf{p_{BR} = m_B . f_R}$$

Substituindo convenientemente as três últimas expressões, vem que:

$$\mathbf{p_R = m_A . f_R + m_B . f_R}$$

Logo, resulta que:

$$\mathbf{p_R = (m_A + m_B) . f_R}$$

Igualando-se convenientemente as equações obtidas em (a) e (b), vem que:

$$\mathbf{(m_B - m_A) . f = (m_A + m_B) . f_R}$$

Portanto, resulta que:

$$\mathbf{f_R = f . [(m_B - m_A) / (m_A + m_B)]}$$

5.13 *Relação (I)*

a) $\mathbf{f = f_0 . [R/(R + h)]^2}$
b) $\mathbf{f_R = f . (m_B - m_A) / (m_A + m_B)}$

Substituindo convenientemente as duas últimas expressões, vem que:

$$\mathbf{f_R = f_0 . [R/(R + h)]^2 . (m_B - m_A) / (m_A + m_B)}$$

5.14 *Relação (II)*

Foram demonstradas no presente livro as seguintes verdades:

a) $\mathbf{f = k. M/d^2}$
b) $\mathbf{f_R = f. (m_B - m_A) / (m_A + m_B)}$

Substituindo convenientemente as duas últimas expressões, vem que:

$$\mathbf{f_R = k. M/d^2. (m_B - m_A) / (m_A + m_B)}$$

6. Impulsão e Quantidade de Dinamismo

6.1 *Introdução*

No presente capítulo serão discutidos os conceitos de impulsão e quantidade de dinamismo. Será também estabelecida a relação matemática entre tais grandezas.

6.2 *Impulsão*

Segundo os conceitos do Dinamismo, sob os pontos de vista da Dinâmica Clássica, pode-se definir a impulsão do peso de um corpo em queda livre como sendo igual ao produto existente entre o peso que possui em repouso pela variação de tempo de queda.

Simbolicamente, o referido enunciado é expresso pela seguinte igualdade:

$$\mathbf{D = p.\ \Delta t}$$

Lembre-se que o peso, em Dinamismo, é definido como sendo igual ao produto entre a massa do corpo por suo impulso. Simbolicamente o referido enunciado é expresso por:

$$\mathbf{p = m.\ f}$$

6.3 *Quantidade de Dinamismo*

Costuma-se chamar por quantidade de dinamismo de um corpo o produto existente entre a sua massa por sua força induzida.

O referido enunciado é expresso simbolicamente pela seguinte equação:

$$\mathbf{q = m.\ i}$$

6.4 *Teorema da Impulsão*

O teorema da impulsão é enunciado da seguinte forma: A impulsão de um peso, durante um intervalo de tempo, é igual à variação da quantidade de dinamismo do corpo em queda livre, no intervalo de tempo considerado.

Realmente, seja (p) o módulo do peso, (Δt) o tempo de duração do fenômeno, (m) a massa do corpo, (i_0) a força induzida do corpo quando entrou em queda livre e, (i) a força induzida num instante final.

Portanto, pode-se escrever que:

$$\mathbf{p.\ \Delta t = m.\ i}$$

Ocorre que:

$$\mathbf{i = f.\ \Delta t}$$

Assim, pode-se escrever que:

$$\mathbf{p.\ \Delta t = m.\ f.\ \Delta t}$$

Ou:

$$\mathbf{p.\ \Delta t = [m.\ (i - i_0).\ \Delta t]\ /\Delta t}$$

Eliminando os termos em evidência, vem que:

$$\mathbf{p. \Delta t = m. i - m. i_0}$$

Ou seja:

$$\mathbf{D = q - q_0}$$

6.5 *Lei da Conservação Dinamistica*

A lei da conservação dinamistica permite afirmar que num sistema isolado, a quantidade de dinamismo permanece constante.

Considere dois corpos de massas (m_1) e (m_2) e de forças induzidas (i_1) e (i_2), respectivamente. Desse modo, a quantidade de dinamismo do sistema será a soma das duas quantidades parciais.

Simbolicamente, o referido enunciado é expresso pela seguinte igualdade:

$$\mathbf{q = m_1. i_1 + m_2. i_2}$$

Suponha que esses corpos choquem-se entre si. E que depois do choque suas forças induzidas são alteradas para (I_1) e (I_2), respectivamente.

Simbolicamente, a nova quantidade de dinamismo será expressa por:

$$\mathbf{Q = m_1. I_1 + m_2. I_2}$$

Como a impulsão é perfeitamente simétrica, pois o tempo de contato é o mesmo, então pelo teorema da impulsão pode-se escrever que:

$$\mathbf{D_1 = m_1 .\ i_1 - m_1 .\ I_1}$$

$$\mathbf{D_2 = m_2 .\ i_2 - m_2 .\ I_2}$$

Porém, em virtude de que ($D_1 = - D_2$) pode-se escrever que:

$$\mathbf{m_1 .\ i_1 - m_1 .\ I_1 = - (m_2 .\ i_2 - m_2 .\ I_2)}$$

Logo, pode-se concluir que:

$$\mathbf{m_1 .\ I_1 + m_2 .\ I_2 = m_1 .\ i_1 + m_2 .\ i_2}$$

Ou seja:

$$\mathbf{q = Q}$$

Assim fica expresso simbolicamente a lei de conservação dinamistica.

7. Resistência Dinamistica

7.1 *Introdução*

As resistências dinamisticas aos movimentos dos corpos são classificadas em duas amplas categorias, a saber:

a) Resistência Uniforme
b) Resistência Variável

A resistência uniforme é aquela que o móvel com uma força induzida constante, sofre ao entrar em um meio resistente material.

A resistência variável é aquela que o móvel com uma força induzida variável, sofre ao entrar em um meio resistente material.

7.2 *Força Dinâmica Resistente*

Na resistência uniforme, o móvel apresenta uma força induzida inicial de valor constante (i_0). Sendo que tal força induzida é extraída pelo meio resistente, até que se torne nula, quando então o móvel entrará em repouso. Note que a força induzida é extraída pela força resistente do meio, até se tornar nula.

Desse modo, define-se uma força de resistência de valor constante e, portanto, uma força induzida resistente caracterizada por um impulso resistente de extração.

Pode-se afirmar que a força induzida resultante de um móvel que se desloca num meio resistente é igual à força induzida inicial do móvel, menos o valor do impulso resistente multiplicada pelo tempo de duração do movimento.

Simbolicamente, o referido enunciado é expresso pela seguinte igualdade:

$$\mathbf{i_R = i_0 - f_r . \Delta t}$$

Porém, ocorre que quando o móvel entra em repouso, a força induzida resultante é nula. Logo, pode-se escrever que:

$$\mathbf{i_0 - f_r . t = 0}$$

Assim, vem que:

$$\mathbf{i_0 = f_r . t}$$

Ou seja:

$$\mathbf{f_r = i_0/t}$$

Tal equação afirma que o impulso resistente exercida pelo meio sobre o movimento é igual ao quociente da força induzida transportada pelo móvel e inversa pelo intervalo de tempo de movimento até o momento do repouso.

Isto significa que ao manter constante a força induzida do móvel, este percorre um espaço maior em um intervalo de tempo maior e conseqüentemente o impulso de resistência do meio será menor. Quanto maior for a força induzida, tanto maior será o espaço percorrido pelo móvel e, em compensação, tanto maior será o intervalo de tempo até o móvel entrar em repouso.

7.3 *Resistência Variável*

A resistência oferecida pelo ar a um corpo em queda livre é variável e proporcional ao quadrado da força induzida apresentada pelo móvel.

Simbolicamente, o referido enunciado é expresso pela seguinte igualdade:

$$\mathbf{f_r = c.\ i^2}$$

Desse modo, à medida que (f_r) cresce com a força induzida (i), o impulso gravitacional (f) permanece constante. Assim, a força induzida no móvel tende para um valor limite (i_L). Nestas condições, o móvel adquire um movimento uniforme.

Esse sistema adquire uma força induzida limite (i_L) quando a taxa de força induzida acrescentada pelo efeito gravitacional se iguala à taxa de força induzida extraída pelo meio resistente. Isto indica que o impulso resistente é igual a um determinado valor de força induzida.

Simbolicamente, o referido enunciado é expresso por:

$$\mathbf{f_r = i}$$

Assim, pode-se escrever que:

a) $\mathbf{f_r = c.\ i^2_L}$
b) $\mathbf{i = f.\ t_L}$

Igualando convenientemente as duas últimas expressões, vem que:

$$\mathbf{c.\ i^2_L = f.\ t_L}$$

Logo, resulta que:

$$i^2_L = \sqrt{f}.\ t_I/c$$

É evidente que a força induzida no móvel passa a apresentar um valor constante no exato momento em que o impulso resultante no móvel em queda livre (f_R) se iguala à força dinâmica gravitacional (f).

Simbolicamente, pode-se escrever que:

$$i \Rightarrow cte \rightarrow f_R = f$$

7.4 *Equação de Resistência*

Logicamente a força induzida resultante (i_R) é igual à força induzida no corpo em queda livre (i) menos a força induzida extraída pela resistência do ar (i_r).

Simbolicamente, o referido enunciado é expresso pela seguinte igualdade:

$$i_R = i - i_r$$

A força induzida pela ação da gravidade é expressa por:

$$i = f.\ \Delta t$$

Substituindo convenientemente as duas últimas expressões, vem que:

$$i_R = f.\ \Delta t - i_r$$

Com o decorrer do tempo, a força induzida resultante (i_R) atinge um valor limite, que se mantém constante. Isto leva a uma velocidade limite que permanece constante.

Logo, pode-se escrever que:

$$\mathbf{i_{RL} = f.\ \Delta t - i_r}$$

Evidentemente, pode-se estabelecer que a força induzida extraída é expressa por:

$$\mathbf{i_r = f.\ \Delta t - i_{RL}}$$

Tal fenômeno é explicado da seguinte forma: A gravidade comunica ao corpo em queda livre uma força induzida que tende a aumentar com o decorrer do tempo. Entretanto, num meio resistente, com o passar do tempo, a força induzida resultante atinge um limite no qual permanece constante. A partir desse instante limite, o mesmo valor de força induzida pela ação da gravidade é extraído pela ação da força de resistência do ar, o que mantém a força induzida resultante constante.

PARTE II

APONTAMENTOS DE DINAMISMO

Leandro Bertoldo

Definições

I - *Definições Básicas*

1. Dinamismo é a ciência que apresenta uma descrição matemática e filosófica das causas e efeitos das forças que agem sobre o movimento. Esta nova ciência consegue fundir num todo uniforme e coerente a "Cinemática" de Galileu e a "Dinâmica" de Newton, originando o "Dinamismo" de Leandro. Nesta teoria todos os movimentos são estudados e explicados a partir das causas que os produzem.

2. Ponto material é qualquer corpo cujas dimensões físicas podem ser desprezadas por não exercerem qualquer interferência no estudo do movimento.

3. Móvel é a definição de qualquer corpo em movimento.

4. Um corpo apresenta um movimento quando ele modifica sua posição no decorrer do tempo.

5. Todo e qualquer movimento somente fica perfeitamente caracterizado quando se considera sua relação com um sistema de referência.

6. A indutória é uma constante física definida como sendo igual ao inverso do estímulo.

7. O estímulo é uma constante universal que relaciona a força induzida com a velocidade de um móvel; também relaciona o impulso com a aceleração.

II - *As Forças*

8. As força são avaliadas pelos efeitos que produzem.

9. Força é toda ação que altera o estado de repouso ou de movimento do corpo. É toda ação que altera a inércia da matéria.

10. As forças são os agentes causadores de toda e qualquer forma de movimento.

11. As forças são os agentes responsáveis por toda forma de deformações, seja elásticas ou plásticas.

12. As forças são as grandezas responsáveis pelas variações de velocidades de um móvel.

13. Cada corpo exerce uma força na direção do seu movimento.

14. Somente uma força pode alterar o estado de outra força.

15. As forças se combinam conforme as propriedades da Álgebra Vetorial.

16. A resultante é a força única (equivalente) que provoca sozinha o mesmo efeito de duas ou mais forças que atuam em conjunto.

17. Entre duas forças opostas, a diferença entre suas intensidades é a resultante.

18. A força resistente é aquela que se opõe ao movimento.

19. A força externa é uma força aplicada sobre um corpo. Sua fonte de origem é exterior ao corpo sobre o qual é aplicada.

21. O impulso é o que resulta da ação da força externa em sua interação com a oposição oferecida pela inércia.

22. A força induzida é comunicada ao móvel no decorrer do tempo pela interação do impulso.

23. Assim a velocidade de um móvel é tanto maior quanto maior for a força induzida no mesmo. A força induzida será tanto maior quanto maior for o impulso ao qual o móvel está submetido. Por sua vez, o impulso será tanto maior quanto maior for a intensidade da força externa aplicada sobre o corpo e, tanto maior quanto menor for a resistência da inércia de um corpo.

24. Existem vários tipos de forças que não apresentam natureza newtoniana.

III - *Leis*

25. Pela ausência de força induzida, um corpo persevera em seu estado de repouso.

26. Tão somente por sua força induzida o móvel persevera em seu estado de movimento uniforme em linha reta para o infinito.

27. Movimento cujo impulso permanece constante é uniformemente variado.

28. Para modificar o estado de repouso ou de movimento de um corpo é necessária a ação de uma força externa.

29. A força externa aplicada sobre um corpo é igual ao produto entre sua massa pela aceleração resultante.

30. O impulso de um móvel é igual ao produto entre o estímulo pela aceleração.

31. A variação da força induzida é igual ao produto entre o impulso pela variação de tempo decorrido.

32. A força induzida de um móvel é igual ao produto existente entre o estímulo pela velocidade.

33. O peso é igual ao produto entre a massa do corpo pelo impulso gravitacional.

34. O impulso gravitacional é diretamente proporcional à massa do planeta e inversamente proporcional ao quadrado da distância.

Força Externa

I - *Definição Qualitativa*

35. A força externa é uma ação exterior aplicada sobre um corpo qualquer.

II - *Definição Quantitativa*

36. A força externa aplicada sobre um corpo é igual ao produto entre sua massa pela aceleração resultante.

III - *Conceitos Gerais*

37. A força externa aplicada sobre um móvel sofre um processo de desdobramento "dinâmico" e "inercial".

38. Dependendo do sentido da ação das forças externas, o móvel sofre um processo de indução ou extração de forças.

39. Quando uma força externa é aplicada sobre um corpo em repouso, a massa do mesmo exerce uma oposição ao impulso. E quanto maior for a massa de um corpo, tanto menor será o impulso resultante da ação da força externa.

IV - *Repouso e Movimento*

40. Se um corpo não sofre a ação de forças externas, ele pode estar sem força induzida ou com força induzida de intensidade constante.

41. Na ausência de forças externas, o impulso é nulo. Nestas condições a força induzida pode ser nula ou constante. Isto implica que o corpo está em repouso ou em movimento uniforme em linha reta.

42. Para modificar o estado de repouso ou de movimento de um corpo é necessário aplicar uma força externa.

V - *Força Externa Variável*

43. Se um móvel sofre a ação de uma força externa variável, seu impulso varia na mesma proporção.

44. Na presença de uma força externa variável, o impulso é variável. Nestas condições o movimento também é variável.

45. Se a força induzida transportada por um móvel varia de forma não uniforme, então a velocidade também varia de forma não uniforme. Isto implica que a força externa está variando e, portanto, o impulso também.

46. Se um móvel sofre a ação de uma força externa variável, sua aceleração é proporcionalmente variável.

VI - *Força Externa Constante*

47. Qualquer móvel sob a ação de uma força externa constante apresenta movimento uniformemente variado.

48. A interação de uma força externa de intensidade constante sobre um corpo, acarreta uma aceleração constante.

49. Todo móvel sob a ação de uma força externa constante apresenta uma velocidade que varia uniformemente no decorrer do tempo.

50. Na presença de uma força externa constante, o impulso é constante. Nesta situação a força induzida varia uniformemente no decorrer do tempo. Logo o corpo está animado num movimento uniformemente variado.

51. Qualquer móvel sob a ação de uma força externa constante apresenta força induzida que varia uniformemente no decorrer do tempo.

52. Se a força induzida transportada pelo móvel varia de forma uniforme, então a velocidade varia de forma uniforme. Nesta situação, o movimento é uniformemente variado. Isto implica que a força externa é constante e, portanto, o impulso também será constante.

VII - *Força Externa Nula*

53. Para que um móvel permaneça em movimento não é necessário que ele sofra continuamente interações de força externas.

54. Se a força externa de um móvel for nula, seu movimento será uniforme.

55. No movimento uniforme a força externa consiste apenas na ação, e não permanece no corpo depois e cessada a ação.

56. Se nenhuma força externa atua sobre um móvel, seu impulso é nulo.

57. Se nenhuma força externa atua sobre um móvel, a força induzida permanece constante e conservada no móvel.

58. Na ausência de forças externas, a força induzida no móvel mantém indefinidamente seu movimento retilíneo e uniforme.

59. Se nenhuma força externa atua sobre um móvel, sua velocidade permanece constante.

60. Quando desaparece a ação da força externa, também desaparece o impulso cessando a aceleração. Entretanto, a força induzida passa a ser constante e permanece conservada, mantendo o movimento em linha reta ao infinito.

61. Embora não sofra a ação de forças externas, o móvel apresenta intrinsecamente uma força induzida, cuja existência é verificada pelo efeito que a velocidade assume e também pela deformação que provoca numa eventual colisão.

62. Todo corpo mantém o seu estado de repouso ou de movimento retilíneo uniforme, a menos que sofra uma interação externa que lhe acrescente ou extraia a força induzida.

Impulso

I - *Definição Qualitativa*

63. O impulso de um móvel é a resultante da força externa aplicada sobre um corpo.

64. Toda vez que um corpo é submetido à ação de uma força externa ele está sujeito a um impulso.

65. O impulso é uma grandeza física que avalia a variação da força no móvel no decorrer do tempo.

II - *Definição Quantitativa*

66. O impulso de um móvel é diretamente proporcional à aceleração do mesmo.

67. O impulso que interage em um móvel é diretamente proporcional à força externa aplicada sobre o corpo e inversamente proporcional à massa do mesmo.

68. A constante de proporcionalidade é denominada por estímulo.

69. O impulso de um móvel é igual ao quociente da variação da força induzida, inversa pela variação de tempo.

III - *Conceitos Gerais*

70. Quanto maior for à intensidade de força externa aplicada sobre o móvel, tanto maior será a intensidade do impulso resultante.

71. Quanto maior for a massa do móvel, tanto menor será a intensidade do impulso resultante.

72. O impulso pode ser positivo, negativo ou nulo, segundo o seja a variação da força induzida.

73. O impulso é "equivalente" nos seus "efeitos cinemáticos" a uma força resultante.

74. O impulso que interage num móvel se relaciona com a sua aceleração em relação a um dado referencial. A aceleração é a resultante cinemática.

75. O impulso emerge da força externa como uma resultante. Ele é responsável pela aceleração do móvel, bem como pela força induzida que permanece conservada no movimento.

IV - *Sentido do Impulso*

76. O impulso é uma grandeza vetorial de mesma direção e sentido da força externa.

77. O impulso e a aceleração são duas grandezas que estão na mesma direção e sentido.

V - *Impulso Variável*

78. Se o móvel sofre a ação de um impulso de intensidade variável, então ele apresenta uma força induzida variável.

79. Um impulso variável provoca uma aceleração variável.

VI - *Impulso Constante*

80. Movimento cujo impulso permanece constante no decorrer do tempo é chamado por movimento uniformemente variado.

81. No movimento uniformemente variado o impulso instantâneo é igual ao impulso médio.

82. No movimento uniformemente variado o impulso permanece constante no decorrer do tempo e a força induzida varia uniformemente com o passar do tempo.

83. Sob a ação de um impulso constante, a força induzida é armazenada e se acumula de forma contínua e uniforme.

84. Um impulso constante acarreta uma aceleração constante na direção e sentido da força.

85. O impulso é constante quando o móvel recebe força induzida iguais em intervalos de tempos iguais. Ou seja, o impulso em qualquer intervalo de tempo possui valores iguais.

VII - *Impulso Nulo*

86. Movimento cujo impulso é nulo é chamado por movimento uniforme.

87. No movimento uniforme o impulso é nulo e a força induzida constante com o tempo.

88. A anulação do impulso provoca o desaparecimento da aceleração do móvel.

89. Se o impulso for nulo, o corpo está em repouso ou em movimento uniforme em linha reta.

VIII - *Força Externa e o Repouso*

90. Uma força externa variável aplicada continuamente sobre um corpo está constantemente tirando o móvel do seu estado de repouso.

91. Uma força externa variável que atua continuamente sobre um corpo, vence de força contínua de inércia em relação a uma força, levando-o a um novo estado de movimento.

92. Um corpo em repouso pode não estar submetido à ação de uma força externa. Neste caso, a força dinâmica é nula. Isto caracteriza o princípio da inércia.

Força Induzida

I - *Definição Qualitativa*

93. A força induzida é uma força intrínseca comunicada ao móvel pela interação deste com o impulso.

94. O impulso é uma força induzida que permanece conservada no móvel.

95. Força induzida é uma ação interna que atua num corpo mantendo o movimento.

96. A força induzida é intrínseca ao movimento. Ela é conservada e transportada pelo móvel.

II - *Definição Quantitativa*

97. A variação da força induzida transportada por um móvel em movimento uniformemente variado é igual ao produto existente entre o impulso pela variação de tempo decorrido.

98. A variação da força induzida é o valor da força induzida num instante posterior menos o valor da força induzida no instante anterior.

99. A força induzida de um móvel é igual ao produto existente entre o estímulo pela velocidade.

100. O aumento da velocidade dos corpos sob a ação de um impulso é diretamente proporcional ao aumento da força induzida.

III - *Efeitos da Força Induzida*

101. As forças induzidas no móvel são responsáveis pelas velocidades.

102. As forças induzidas mantêm o movimento ao infinito enquanto permanecer armazenada.

103. As forças induzidas são em parte responsáveis pelo grau de violência do impacto num eventual choque mecânico entre os corpos.

IV - *Sentido*

104. A força induzida é uma grandeza vetorial de mesma direção e sentido da força externa.

105. A força induzida tem a mesma direção e sentido do impulso que a produz.

106. O sentido da força induzida coincide com o sentido da velocidade.

V - *Força Induzida*

107. Um corpo isolado está induzido por uma força ou não.

108. A força induzida é o agente que mantém o movimento.

109. A força induzida de um móvel isolado permanece constante no decorrer do tempo.

110. Mesmo em movimento uniforme, um corpo transporta uma força que é tanto maior quanto maior for sua velocidade.

111. A força induzida num móvel fica conservada e armazenada isoladamente neste corpo enquanto o mesmo permanecer em movimento, mesmo depois de cessar a causa de sua origem.

112. Qualquer corpo em movimento retilíneo uniforme transporta uma força induzida que permanece invariável, a menos que seja forçado a modificar tal situação pela ação de forças externas.

VI - *Armazenamento*

113. O móvel persevera em seu estado de movimento uniforme em linha reta, apenas porque a força induzida mantém-se armazenada com valores vetoriais constantes.

114. A força induzida permanece armazenada no móvel, o que se comprovas pela violência de um eventual choque mecânico.

115. Enquanto a força induzida ficar armazenada, o movimento do móvel continuará ao infinito. Tal força somente pode se extraída por outra que se oponha ao seu vetor.

VII - *Força Induzida Variável*

116. Todo corpo submetido à ação de um impulso apresenta uma força induzida variável.

117. Quando o impulso for constante, a força induzida varia de forma uniforme no decorrer do tempo.

VIII - *Força Induzida Constante*

118. O movimento retilíneo uniforme é caracterizado pela constância da força induzida no móvel.

119. Quando a força induzida permanece constante no decorrer do tempo, o móvel percorre distâncias iguais em intervalos de tempos iguais.

120. Existe força induzida constante num ponto material isolado em movimento retilíneo e uniforme.

121. Em relação a um referencial inercial, qualquer corpo permanece em seu estado de movimento retilíneo uniforme, devido à ação de uma força induzida de vetor constante.

122. Quando se atira um corpo em qualquer direção do espaço, se nenhuma força se opuser a ele, este seguirá indefinidamente seu movimento com velocidade constante no mesmo sentido da força induzida, enquanto esta se mantém conservada no móvel.

IX - *Força Induzida Nula*

123. Se a força induzida num corpo for nula, então este corpo está em repouso.

124. Inexiste força induzida num ponto material isolado em repouso.

125. No equilíbrio estático a força induzida é constantemente nula com o tempo. Nesta situação a velocidade é zero. Portanto, o corpo está em repouso.

126. O repouso de um corpo é a ausência total de força induzida.

127. Um corpo, pela ausência de força induzida, persevera em seu estado de repouso.

X - *Repouso*

128. Se a ação oposta de uma força externa extrair totalmente a força induzida de um móvel, este entrará em repouso.

129. Um corpo em repouso tende, pela ausência de força induzida, a permanecer em repouso.

130. Em um referencial inercial, todo corpo permanece em seu estado de repouso devido à ausência de força induzidas no mesmo.

131. Um corpo em repouso não apresenta força induzida para o referencial considerado.

XI - *Força Externa e Induzida*

132. É a ação da força induzida num móvel que faz com que ele tenda a permanecer em movimento uniforme ao infinito, a menos que uma força externa venha alterar a situação.

133. Somente a ação de uma força externa pode alterar a força induzida e, por conseqüência, a velocidade do móvel.

134. A força induzida é extraída do móvel somente pela ação de uma força externa que se oponha ao movimento.

135. A força induzida é armazenada no móvel, pois ao deixar de receber a ação da força externa, persevera no seu estado de movimento uniforme em linha reta ao infinito.

XII - *Impulso e Induzida*

136. Toda vez que um corpo é submetido à ação de um impulso, ele está sujeito a uma força induzida.

137. A força induzida é o resultado da ação do impulso que interage no móvel.

138. A força induzida nasce do impulso e permanece armazenada no móvel, mesmo depois de cessada a ação do impulso.

XIII - *Resistência*

139. A força induzida pode sofrer alterações mediante a ação de forças externas aplicadas sobre o móvel.

140. Quando nenhuma força externa atua sobre o móvel, o movimento é retilíneo e uniforme, e o mesmo transporta uma força induzida que mantém o movimento invariável.

141. O atrito é uma força retardadora. É a causa que extrai ou dissipa a força induzida amortecendo o movimento. Não fosse o atrito o projétil prosseguiria com seu movimento para sempre.

142. Se o móvel não encontrar oposição em seu estado de movimento uniforme, a força induzida permanece conservada no móvel.

XIV - *Velocidade*

143. Qualquer velocidade está relacionada com uma grandeza física chamada por força induzida.

144. Toda e qualquer velocidade dos corpos é causada pela força induzida.

145. A velocidade que um móvel adquire em um determinado instante, fica perfeitamente determinada pela força induzida que lhe origina.

146. Quanto maior for a velocidade de um móvel, tanto maior será a intensidade de força induzida em tal móvel.

147. As variações de velocidades do móvel são proporcionais às variações de forças induzidas.

148. Quando a força induzida transportada por um móvel for constante, a velocidade permanece constante. Nestas condições o movimento é uniforme em linha reta ao infinito.

Isto significa que não existem forças externas sendo aplicadas sobre o móvel, portanto o impulso é nulo.

149. A velocidade de um corpo é uma grandeza vetorial de mesma direção e sentido da força induzida.

XV - *Movimento*

150. Em qualquer movimento existe sempre uma grandeza presente. Esta grandeza é conhecida por força induzida.

151. Todo corpo em movimento transporta uma força intrínseca denominada por força induzida.

152. Qualquer que seja o movimento, o móvel transporta uma força induzida.

153. Para que o móvel permaneça em movimento é necessário que ele esteja sob a ação de forças induzidas.

154. Independentemente ou não da ação de forças externas, qualquer corpo permanece em movimento enquanto permanecer sob a ação de forças induzidas.

155. Se a força induzida num corpo for diferente de zero, então este corpo está em movimento.

156. Em qualquer movimento o móvel adquire velocidades iguais em módulos de forças induzidas iguais.

157. A velocidade de um móvel em movimento uniforme variado ou em movimento retilíneo uniforme está relacionada à intensidade de força induzida em sua proporcionalidade.

158. Se a força induzida num corpo apresentar uma quantidade constante no decorrer do tempo, então esse corpo apresenta movimento retilíneo uniforme.

XVI - *Movimento Variado*

159. Movimento cuja força induzida varia no decorrer do tempo é chamado por movimento variado.

160. Se a força induzida transportada pelo móvel varia, então a velocidade varia. Isto significa que existe a ação de forças externas sendo aplicadas sobre o móvel. Nestas condições o movimento é variado.

XVII - *Movimento Uniforme Variado*

161. O movimento uniformemente variado é caracterizado pela ocorrência de incrementos iguais de velocidades em forças induzidas iguais.

162. No movimento uniformemente variado a força induzida varia no decorrer do tempo.

163. Se a força induzida num corpo variar uniformemente, então esse corpo apresenta movimento uniformemente variado.

164. Um corpo em movimento uniforme variado apresenta força induzida iguais em intervalos de tempos iguais. Quando isto ocorre, a força induzida varia uniformemente com o tempo.

165. O movimento induzido é aquele cujo módulo da força induzida aumenta no decorrer do tempo. Nestas condições, a força induzida e o impulso apresentam os mesmos sinais.

166. O movimento desinduzido é aquele cujo módulo da força induzida diminui no decorrer do tempo. Nesta situação, a força induzida e o impulso apresentam sinais contrários.

XVIII - *Movimento Uniforme*

167. Movimento cuja força induzida permanece constante no decorrer do tempo é chamado por movimento uniforme.

168. Um corpo em movimento tende pela ausência de "variação" de força induzida, a continuar em movimento retilíneo e uniforme.

169. No equilíbrio dinâmico a força induzida é diferente de zero e permanece constante no decorrer do tempo. Dessa forma o corpo está em movimento retilíneo e uniforme.

170. Um corpo, pela ação da força induzida, persevera em seu estado de movimento uniforme em linha reta.

171. Na ausência de forças externas, a força induzida não sofre alteração e o corpo segue uniformemente em linha reta para o infinito.

172. A força induzida num corpo é a causa que faz com que ele tenda a permanecer em seu estado de movimento em linha reta.

173. Tão somente por sua força induzida, o móvel mantém seu movimento em linha reta ao infinito.

174. Movimento uniforme é aquele cuja força induzida permanece invariável no decorrer do tempo.

175. O movimento uniforme possui força induzida constante no decorrer do tempo. Ou seja, a força induzida média do móvel em qualquer intervalo de tempo apresenta sempre o mesmo valor. Quando isto ocorre afirma-se que a força induzida é constante no decorrer do tempo. Nesse tipo de movimento o corpo percorre distâncias iguais em intervalos de tempos iguais.

Interação Gravitacional

I - *Definição*

176. Um corpo próximo à superfície terrestre sofre uma interação gravitacional. Essa interação é provocada por um impulso de origem gravitacional que será sempre o mesmo, independentemente da massa do corpo.

177. Desprezada a resistência do ar, todos os corpos que "caem" de um mesmo ponto, são submetidos à ação de uma mesma intensidade de impulso gravitacional, não importando seu tamanho, massa, peso ou forma. Isto significa que todos adquirem as mesmas forças induzidas e as mesmas velocidades.

II - *Impulso Gravitacional*

178. O impulso de um móvel em queda livre é denominada por impulso gravitacional.

179. Todos os corpos, independentemente de sua massa ou peso, "caem" sob a ação de um impulso gravitacional praticamente constante, próximos à superfície do planeta.

180. Se o impulso gravitacional é constante, decorre que o movimento de um corpo em queda livre é uniformemente variado.

181. O impulso gravitacional é diretamente proporcional à massa do planeta e inversamente proporcional ao quadrado da distância.

182. Todos os corpos em queda livre entram em equilíbrio com o impulso gravitacional do planeta.

183. O impulso que a interação gravitacional comunica a um corpo não depende de sua massa ou peso.

184. O impulso gravitacional próxima à superfície do planeta sofre alteração com a altitude e com a latitude do lugar. É chamada por "impulso normal gravitacional" aquela cujo valor é tomado ao nível do mar, a uma latitude de 45 graus.

185. O impulso gravitacional será sempre positivo, visto que o vetor do campo gravitacional apresenta sempre um único sentido.

III - *Princípio da Equivalência*

186. A aceleração da gravidade produzida pelo planeta é equivalente à aceleração que os corpos apresentam nesse planeta.

187. O impulso gravitacional produzida pelo campo de um planeta é equivalente ao impulso que os corpos adquirem ao interagiram nesse campo gravitacional.

IV - *Sentido*

188. O impulso gravitacional adquirido pelos corpos em queda livre é o mesmo para todos independentemente de sua massa, peso ou forma, sendo constante e dirigida verticalmente para o centro do campo gravitacional.

V - *Força Induzida Gravitacional*

189. Próximo da superfície do planeta, a força induzida é diretamente proporcional ao tempo.

190. Em qualquer lugar da superfície do planeta, a velocidade de queda é proporcional à força induzida.

191. Num corpo em queda livre, o módulo da força induzida aumenta, nesse caso, o movimento é chamado por "estimulado".

192. Quando um corpo é lançado verticalmente para "cima", o módulo da força induzida diminui, pois a mesma é extraída do corpo. Nesse caso o movimento é chamado por "destimulado".

193. Quando o móvel atinge uma altura máxima sua força induzida inicial no arremesso torna-se nula.

194. A força induzida que um móvel apresenta no momento do arremesso é igual à força induzida que o mesmo apresenta ao retornar no ponto de partida. Ou seja, a força induzida de partida é igual à de retorno.

195. Sendo o ponto inicial, um ponto genérico da trajetória, então para qualquer ponto, a força induzida que desloca o móvel na subida é em módulo igual à força induzida que o móvel apresenta ao passar pelo mesmo ponto na queda.

VI - *Queda Livre*

196. Todos os corpos independentemente de seu peso ou massa, ao entrarem em queda livre ficam submetidos à ação de uma mesma intensidade de impulso gravitacional criada pelo campo gravitacional do planeta.

197. O corpo de maior massa é atraído com mais força do que um corpo de menor massa. Ocorre que o corpo de maior massa possui uma inércia bem maior do que o corpo de menor massa. Desse modo o impulso que o corpo ganha pela ação da força de atração devido ao aumento da massa é consumida pela ação da inércia devido ao mesmo aumento de massa.

198. Desprezada a resistência do ar, todos os corpos, independentemente de seu peso ou massa, caem com a mesma aceleração, próximos à superfície da terra.

199. A partir da mesma altura, todos os corpos em queda livre adquirem as mesmas velocidades, independentemente de seu peso ou massa.

200. Uma força constante produz uma aceleração constante, entretanto, em queda livre, a aceleração é constante, independente do peso (força) que o corpo possui.

201. Em queda livre a velocidade é igual para todos os corpos, independentemente de seu peso.

202. Em queda livre o impulso gravitacional é igual para todos os corpos.

203. O impulso gravitacional que atua sobre um corpo em queda livre não depende da massa ou peso do mesmo.

204. Todos os corpos em queda livre apresentam peso nulo.

VII - *Lançamento Vertical*

205. O lançamento na vertical só difere da queda livre pelo fato de apresentar uma intensidade de força induzida inicial vertical.

206. Tanto a queda livre como o lançamento vertical é descrito por um movimento uniformemente variado.

207. Tanto na queda livre como no lançamento vertical, a função que descreve o movimento é a mesma.

208. O tempo gasto pelo móvel para se deslocar de um ponto qualquer da trajetória até o ponto de altura máxima, é o mesmo que ele emprega ao retornar a esse mesmo ponto.

209. O tempo gasto para o móvel atingir o ponto de altura máxima é igual ao tempo gasto para retornar no ponto de arremesso.

210. Num lançamento vertical, em um ponto de trajetória, a força induzida no corpo apresenta os mesmos valores, em módulo, tanto na subida quanto na descida.

211. Num lançamento vertical a força induzida de arremesso a partir de um ponto, é igual à força induzida de retorno a este mesmo ponto, independentemente do peso ou massa do corpo.

212. Num lançamento vertical a força induzida no corpo ao atingir a altura máxima é nula, instantaneamente.

VIII - *Peso*

213. Quando um corpo está imerso num campo gravitacional e em estado de repouso, aparece uma força chamada peso. O peso será tanto maior quanto maior for a massa do corpo e tanto maior quanto maior for a intensidade do impulso gravitacional que interage nesse corpo.

214. O peso de um corpo é uma força estática que aparece quando o corpo está em repouso em relação à superfície do planeta.

215. Um corpo em repouso pode estar sob a ação de uma força externa. Neste caso, está submetido a um impulso. Isto caracteriza o conceito de força estática, como por exemplo, o peso de um corpo.

216. No Dinamismo o peso de um corpo é igual ao produto entre a massa do corpo pelo impulso gravitacional.

www.ingramcontent.com/pod-product-compliance
Lightning Source LLC
Chambersburg PA
CBHW072144170526
45158CB00004BA/1504
* 9 7 8 1 0 7 5 7 7 7 4 5 5 *